轻松玩转

剪映

短视频剪辑与制作

靖 秋 编著

化学工业出版社

·北京·

内 容 简 介

本书通过全彩图解+视频讲解的方式，系统地介绍了剪映这一视频剪辑软件的应用技巧。内容主要涉及认识剪映App、剪映的基础操作、素材的剪辑、创建和编辑文本、音乐与音效、特效与转场、画面的调整、合成效果短视频、高级感片头以及日常短视频模板等。

书中穿插了很多功能性的小案例及综合性的剪辑案例，可以帮助读者更好地在实践中学习，进而举一反三。同时，本书配套了重点章节的高清教学视频，扫码即可边学边看，还附赠所有案例素材，方便读者上手剪辑制作视频。

本书内容翔实，图文并茂，非常适合剪映初学者、视频博主、自媒体运营者等自学使用，也可用作职业院校和培训学校相关专业的教材及参考书。

图书在版编目（CIP）数据

轻松玩转剪映短视频剪辑与制作 / 靖秋编著. —北京：化学工业出版社，2023.8

ISBN 978-7-122-43358-9

Ⅰ. ①轻… Ⅱ. ①靖… Ⅲ. ①视频制作 Ⅳ.
①TN948.4

中国国家版本馆 CIP 数据核字（2023）第 072387 号

责任编辑：耍利娜　　　　　　　　　　　　文字编辑：师明远　李小燕
责任校对：边　涛　　　　　　　　　　　　装帧设计：水长流文化

出版发行：化学工业出版社（北京市东城区青年湖南街 13 号　邮政编码 100011）
印　　装：天津图文方嘉印刷有限公司
710mm×1000mm　1/16　印张 17　字数 320 千字　2023 年 9 月北京第 1 版第 1 次印刷

购书咨询：010-64518888　　　　　　　　　售后服务：010-64518899
网　　址：http://www.cip.com.cn
凡购买本书，如有缺损质量问题，本社销售中心负责调换。

定　　价：89.90 元　　　　　　　　　　　　　　　版权所有　违者必究

▶ 写作背景

近几年，短视频发展迅速，玩短视频已经成为大家生活中必不可少的娱乐活动之一。在诸多短视频平台中，抖音凭借其新鲜、有趣的内容以及众多创意玩法，收获了庞大的用户群体，并逐渐成为大众所熟知的短视频头部平台。不论是作为娱乐手段，还是新时代的营销工具，抖音都是极具价值的，然而抖音平台的剪映App与传统的视频社区玩法不尽相同，规则与功能也都在不断地完善。

为了将剪映短视频的相关知识讲透，为读者提供实质性的帮助，编者从软件基础、素材剪辑的基础操作、玩转字幕、创意转场、声音处理、特效基础、风格化调色、综合实战这几个方面，对剪映短视频的知识进行全面介绍。

▶ 本书特色

（1）内容精练。碎片化阅读，节约读者的学习时间，提升阅读体验；每个环节有自己的独立性，不同基础的读者可以根据需要选择合适的学习起点。

（2）语言浅显。拒绝深奥、复杂的理论，针对核心读者的年龄阶段，采用轻松的语言，让读者能够快速代入，掌握全书的讲解节奏。

（3）案例丰富。本书包含了近50个实例，不仅在实例的数量和质量上占有优势，而且从实际操作角度出发，辅以丰富的案例说明，致力于让读者学会如何操作，制作出属于自己的短视频作品。

（4）实战性强。为了提高学习效率，本书不仅对案例的操作步骤进行详细的文字叙述，而且以全程图解的方式对每个操作步骤及案例示范进行了详细讲解，同时每个步骤都有精细的标注，一目了然，让读者阅读时有侧重点，从而快速看懂并学会操作。

▶ 内容框架

本书共 9 章，详细讲解了剪映各方面的功能，以及综合运用剪映功能进行剪辑的方法。

第 1 章：介绍了剪映移动版和剪映专业版的基础信息，对各种功能和区域进行了简单的讲解。

第 2 章：介绍了剪辑的基础操作，包括导入素材，分割、删除、编辑素材等，使读者能制作简单的短视频。

第 3 章：介绍了字幕的创建，以及字幕的创意玩法，让视频锦上添花，包括各种字幕效果的实例制作。

第 4 章：介绍了对音频素材的各种处理，包括音频的基本操作及各种音频剪辑效果的实例制作。

第 5 章：介绍了特效、蒙版和转场的应用方法，让视频画面更加流畅，观感更佳。

第 6 章：介绍了美化视频画面的各种方法，包括添加贴纸与对视频进行风格化调色。

第 7 章：综合运用剪映的各种功能制作特效短视频，使读者更加熟悉剪映的操作。

第 8 章：讲解精彩片头的制作方法，让短视频开头不再枯燥，而是乐趣横生。

第 9 章：收录了 5 种适合用来记录生活的模板，使日常也能变成精彩的大片。

▶ 读者群体

本书全面细致地介绍了剪映短视频制作的相关知识，力求对每个知识点进行深入挖掘，内容丰富，条理性强，非常适合以下读者学习借鉴。

- 短视频创作者；
- 自媒体创作者；
- 新媒体创作者；
- 影视爱好者；
- 职业院校相关专业和培训机构的师生。

编著者

资源下载

链接：https://pan.baidu.com/s/1Sd_ZNRqtgkH3Aq-rsVrhMw

提取码：1218

目录

第1章
剪映：高效完成出彩的短视频 1

第2章

素材的剪辑：利用技巧构建完整影片 23

第3章

创建和编辑文本：解释说明并丰富信息 40

第 4 章

音乐与音效: 声音和画面同样重要 65

第 5 章

特效与转场：打造酷炫效果的秘密...........................91

第6章

画面的调整：优化画面使视频更加多彩 135

第7章

合成效果短视频：后期制作展现大片效果........... 174

第8章

高级感片头：让视频与众不同 206

第9章

日常短视频模板：精心记录每一天生活 233

扫码观看
本章视频

第1章

剪映：
高效完成出彩的短视频

　　随着短视频的流行，一款好用的视频编辑软件成了许多资深短视频用户的"装机必备"，手机应用商店中各类视频剪辑应用层出不穷。随着用户剪辑需求的不断上升，一款优质的视频剪辑 App 不仅要具备强大的视频编辑处理功能，同时软件自身的操作还不能过于复杂。

　　作为抖音推出的剪辑工具，剪映可以说是一款非常适合视频创作新手的剪辑"神器"，它操作简单且功能强大，同时与抖音的衔接应用也是其深受广大用户喜爱的原因之一。

1.1 初识剪映App

短视频的拍摄与上传非常讲求时效性，对于许多非专业短视频创作者来说，要用专业的设备完成视频的拍摄和处理工作，是一件既耗费精力，又耗费时间的事情。对于一些追求"时效性"和"轻量化"的短视频创作者来说，他们更希望使用一部手机就能完成拍摄、编辑、分享、管理等一系列工作，而剪映恰好能满足他们的这一需求。

▶ 1.1.1 剪映特色功能介绍

剪映是深圳市脸萌科技有限公司于2019年5月推出的一款视频剪辑应用，随着每一次的更新升级，它的剪辑功能逐步完善，操作也变得越来越简捷。图1-1所示为剪映推出的特色功能宣传海报。

图1-1

下面介绍剪映的一些特色功能，在之后的章节中会对各项功能的具体操作进行详细讲解。

> ➢ 视频切割：支持用户自由选择素材片段并进行分割操作。
> ➢ 视频变速：可以对视频、音频、动画素材进行变速处理，支持0.2倍至4倍变速，节奏快慢自由掌控。
> ➢ 视频倒放：拥有趣味的视频倒放功能，帮助用户轻松营造时光倒流效果。
> ➢ 比例画布：支持用户自由变换视频比例大小及颜色。
> ➢ 特效转场：可为视频添加叠化、闪黑、运镜等多种转场效果。

➢ 贴纸文本：提供独家设计的手绘贴纸和风格化字体、字幕，帮助用户打造个性化视频效果。

➢ 独家曲库：抖音独家曲库，海量音乐令视频更加"声"动。

➢ 美颜滤镜：智能识别脸型，定制独家专属美颜方案；多种专业的风格滤镜和调色选项，拯救视频色彩，让视频不再单调。

➢ 同款剪辑：火爆短视频一键"剪同款"，轻松帮助新手用户做出"大片"效果。

➢ 自动踩点：根据音乐旋律和节拍，自动对视频进行标记，用户可以根据标记轻松地剪辑出极具节奏感的卡点视频。

▶ 1.1.2　下载和安装软件

下载与安装剪映的方法非常简单，下面分别以Android手机和iOS手机为例，为大家演示下载和安装剪映的操作方法。

图1-2

（1）Android 手机

首次安装剪映，用户需要打开手机"应用商店"，如图1-2所示。

进入"应用商店"后，在搜索栏中输入"剪映"，搜索到应用后，打开应用详情页，可查看应用信息，点击"安装"按钮，根据提示操作即可完成剪映的安装，如图1-3～图1-5所示。安装完成后，可在桌面找到该应用。

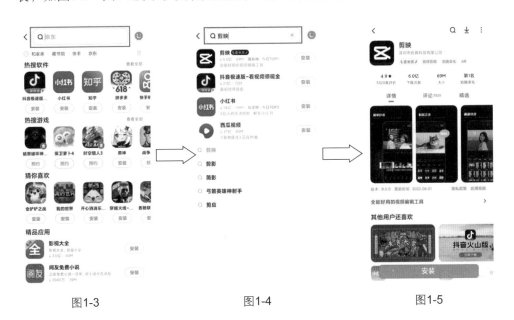

图1-3　　　　　　　　图1-4　　　　　　　　图1-5

提示：手机应用的安装方法大同小异，部分安卓手机安装过程可能略有不同，上述安装方法仅供参考，需以实际操作为准。

（2）iOS手机

打开手机"App Store（应用商店）"后，进入搜索界面，在搜索栏中输入"剪映"，如图1-6～图1-8所示。

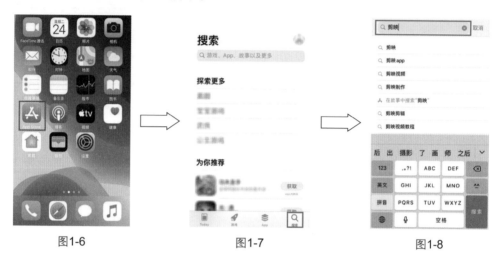

图1-6　　　　　　　　　　图1-7　　　　　　　　　　图1-8

搜索到应用后，可直接点击应用旁的"获取"按钮进行下载安装，也可以进入应用详情页，在其中点击"获取"按钮进行下载安装。完成安装后，可在桌面找到该应用，如图1-9～图1-11所示。

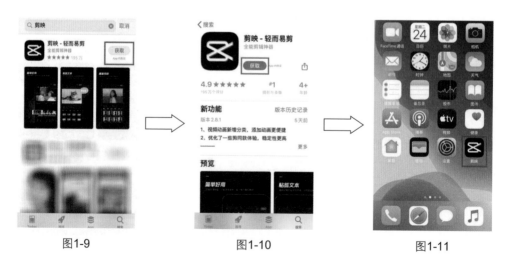

图1-9　　　　　　　　　　图1-10　　　　　　　　　　图1-11

1.1.3 在剪映App中登录抖音账号

打开剪映，在主界面中点击"我的"按钮👤，将打开图1-12所示账号登录界面，点击"抖音登录"按钮，完成页面的跳转授权后，即可使用抖音账号登录剪映，如图1-13所示。

图1-12　　　　　　　　　图1-13

提示：当用户在图1-13所示界面中点击"抖音主页"时，可以快速启动抖音短视频App。

1.1.4 剪映首页解析

剪映的工作界面非常简洁明了，各工具按钮下方注有相关文字，对照文字，用户可以轻松地管理和制作视频。下面将剪映的工作界面分为"主界面"和"视频编辑界面"两个部分来进行介绍。

打开剪映，首先映入眼帘的是主界面，通过点击主界面底部的"剪辑"🎬、"剪同款"▶、"消息"🔔、"创作课堂"◎和"我的"👤按钮，可以切换至对应的功能界面。

（1）剪辑

打开剪映，在主界面中点击"开始创作"按钮＋，即可导入视频或图片素材。开始创作后，系统会自动将此项目保存在剪辑草稿中，以减少用户的意外损失。用户在"剪同款"中完成的创作，将自动保存在"本地草稿"中，点击"管理"按钮 ✎管理可对项目进行删除或修改。完成创作后，用户可以将项目文件上传至"剪映云"中，此功能为用户节省了手机储存空间，同时也保障了文件的安全。点击"拍摄"按钮 ◉ 即可实时拍摄照片或视频，"一键成片" ◉ 里面有大量的特效模板供用户使用。剪映App的主界面及各项功能如图1-14所示。

图1-14

图1-15

（2）剪同款

在"剪同款"对应的功能区中，可以看到剪映为用户提供了大量不同类型的短视频模板，如图1-15所示。在完成模板的选择后，用户只需将自己的素材添加进模板，即可生成同款短视频。

（3）创作课堂

创作课堂是官方专为创作者打造的一站式服务平台，用户可以根据自身需求选择不同的领域进行学习。官方还为用户提供了授权管理、内容发布、互动管理以及数据管理和音乐管理等服务，如图1-16所示。

图1-16

图1-17

（4）消息

官方活动提示以及其他用户和创作者的互动提示都集合在"消息"界面中，如图1-17所示。

（5）我的

即用户的个人主页，如图1-18所示，用户可以在这里编辑个人资料，管理发布的视频和点赞的视频。点击"抖音主页"，可以跳转至抖音界面。

图1-18

▶ 1.1.5 编辑界面功能解析

在主界面中点击"开始创作"按钮⊞，进入素材添加界面，在选择相应素材并点击"添加到项目"按钮后，即可进入视频编辑界面，如图1-19所示。

——— 预览区域

——— 轨道区域

——— 底部工具栏

图1-19

（1）预览区域

预览区域的作用在于可以实时查看视频画面。随着时间轴处于视频轨道的不同位置，预览区域即会显示当前时间轴所在那一帧的图像。

可以说，视频剪辑过程中任何一个操作，都需要在预览区域中确定其效果。

当对完整视频进行预览后，发现已经没有必要进行修改时，一个视频的后期也就完成了。预览区域如图1-20所示。

如图1-20所示，预览区域左下角显示"00:00/00:09"，其中"00:00"表示当前时间轴位于的时间刻度为"00:00"，"00:09"则表示视频总长为9秒。

点击预览区域下方的▷图标，即可从当前时间轴所处位置播放视频；点击↶图标，即可撤回上一步操作；点击↷图标，即可在撤回上一步操作后，再将其恢复；点击⛶图标，即可全屏浏览视频。

图1-20

（2）轨道区域

在使用剪映进行后期处理时，90%以上的操作都是在"轨道区域"完成的，该区域范围如图1-21所示。

占据轨道区域较大比例的是各种"轨道"。图1-21中有海洋图案的是主视频轨道，橘黄色的是贴纸轨道，橘红色的是文字轨道。在该区域中还有其他各种各样的轨道，如特效轨道、音频轨道、滤镜轨道

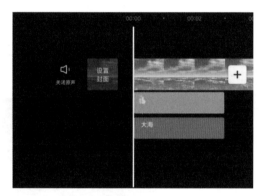

图1-21

等。通过各种轨道的首尾位置，即可确定其时长及效果作用范围。

在轨道区域的最上方，是一排时间刻度。通过时间刻度，可以准确判断当前时间线所在的时间点。其更重要的作用在于，随着主视频轨道被"拉长"或"缩短"，时间刻度的"跨度"也会跟着变化。

当主视频轨道被拉长时，时间刻度的跨度最小可达到1.5帧/节点，有利于精准定位时间线的位置，如图1-22所示；而当主视频轨道被缩短时，则有利于时间线快速在较大时间范围内移动。

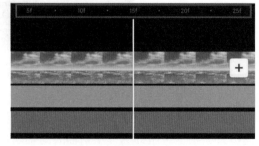

图1-22

（3）底部工具栏

底部工具栏位于编辑界面的下方，包含"剪辑""音频""文字""贴纸"等选项，如图1-23所示。

图1-23

➢ 剪辑：单击"剪辑"按钮，用户可以选择选项对剪辑的项目进行分割、变速、添加动画等操作，如图1-24所示。

图1-24

➢ 音频：单击"音频"按钮，可打开音频选项列表，如图1-25所示。

图1-25

➢ 文字：单击"文字"按钮，可打开文本选项列表，如图1-26所示。

图1-26

➢ 贴纸：单击"贴纸"按钮，可打开贴纸素材列表，如图1-27所示。

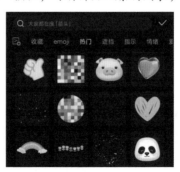

图1-27

➢ 画中画：点击"画中画"后能新增画面，使一个视频画面中出现多个不同画面。

➢ 特效：单击"特效"按钮，可打开特效素材列表，如图1-28所示。

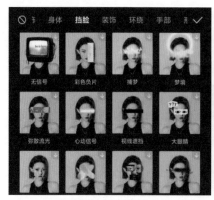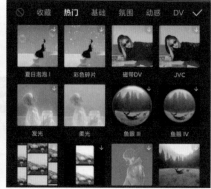

图1-28

> 素材包：单击"素材包"按钮，可打开素材列表，如图1-29所示。
> 滤镜：单击"滤镜"按钮，可打开滤镜素材列表，如图1-30所示。

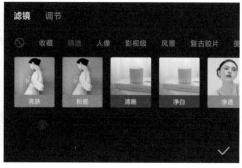

图1-29   图1-30

> 比例：单击"比例"按钮，可调节视频比例，如图1-31所示。
> 背景：单击"背景"按钮，可对视频背景进行设置，如图1-32所示。
> 调节：单击"调节"按钮，可结合"调节"面板对素材进行亮度、对比度、饱和度等颜色参数的调节，如图1-33所示。

图1-31

图1-32   图1-33

实战：
创建与管理剪辑项目

在完成剪映的下载安装后，用户可在手机桌面上找到对应的软件图标，点击该图标启动软件，进入主界面后点击"开始创作"按钮可新建剪辑项目。

01 打开剪映，在主界面点击"开始创作"按钮 ⊞，如图1-34所示。

02 进入素材添加界面，选择视频素材，然后点击"添加"按钮，如图1-35所示。

03 进入视频编辑界面后，可以看到选择的素材被自动添加到了轨道区域，同时在预览区域可以查看视频画面效果，如图1-36所示。

04 在轨道区域中点击素材将其选中，然后向左滑动时间线，将其定位到2秒位置，点击底部工具栏中的"分割"按钮 ，如图1-37所示。

图1-34　　　　　图1-35

05 完成素材分割后，选中时间线后方的素材，然后点击底部工具栏中的"删除"按钮 ，如图1-38所示，将选中素材删除。

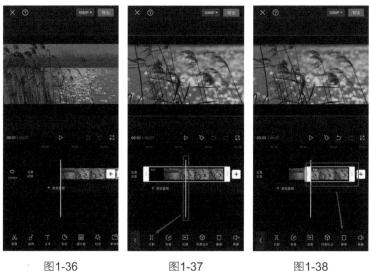

图1-36　　　　图1-37　　　　图1-38

1.2 初识剪映专业版

对于热衷于短视频创作的用户朋友来说，一款合适的视频编辑软件是必不可少的。以往许多人会选择学习After Effects、Premiere等专业的视频编辑软件，但这类软件的学习成本较高，很难达到快速上手的目的。基于广大零基础短视频爱好者的创作需求，剪映团队继剪映移动版之后，研发并推出了在电脑端使用的剪映专业版软件。

相较于剪映移动版，剪映专业版的界面及面板更为清晰，布局更适合电脑端用户，适用于更多专业剪辑场景，延续了剪映App全能易用的特性，剪辑师、学生、Vlogger、剪辑爱好者、UP主等，都能够迅速上手，制作更专业、更高阶的视频效果。本节对剪映专业版软件进行简单的介绍。

1.2.1 剪映专业版的前世今生

剪映专业版（电脑端）的启动，源于剪映团队客服邮箱收到的来自用户的源源不断的询问。剪映App自上线以来，在不断完善及革新的过程中逐渐积累用户口碑。从2020年初开始，剪映的产品经理每个月都能在产品反馈官方邮箱中看到几十封用户邮件问同一个问题：剪映什么时候能出电脑版？用户之所以会提出这样的诉求，主要有以下几点原因。

➢ 由于手机屏幕尺寸、素材大小和手机性能的限制，App显然已无法满足大部分西瓜视频和抖音头部创作者的创作需求，越来越多的用户需要使用电脑端工具编辑视频。

➢ 市面上没有能完全满足国内用户创作习惯的主导型编辑软件，专业创作者普遍在混用编辑软件，例如用某个软件剪辑，同时还安装了一大堆插件用于做特效、调色、上字幕等，这说明新工具仍有机会。

➢ 现有的电脑端视频编辑软件体验不佳，功能复杂的软件操作门槛很高，简单的软件又无法实现复杂多变的效果。许多好的工具来自海外，但不一定贴合国内用户的使用习惯。

2020年11月，剪映团队推出了剪映专业版Mac版本，进而又快马加鞭地在2021年2月推出了剪映专业版Windows版本，满足了广大用户在电脑端也能"轻而易剪"的创作需求。

1.2.2 剪映移动版与专业版的区别

作为抖音推出的剪辑工具，剪映可以说是一款非常适合于视频创作新手的剪辑"神器"，它操作简单且功能强大，同时与抖音的衔接应用深受广大用户喜爱。剪映移动版（App）与剪映专业版的最大区别在于二者基于的用户端不同，因此界面的布局势必有所不同。相较于剪映App，剪映专业版基于电脑屏幕的优越性，可以为用户呈现更为直观、全面的画面编辑效果，这是App所不具备的优势。图1-39和图1-40所示分别为剪映App（7.8.0版）和剪映专业版（Windows 3.0.5版）的工作界面展示效果。

剪映App的诞生时间较早，目前既有的功能和模块已趋于完备，而剪映专业版由于推出的时间不长，部分功能和模块还处于待完善状态，但相信随着用户群体的不断壮大，其功能会逐步更新和完善。

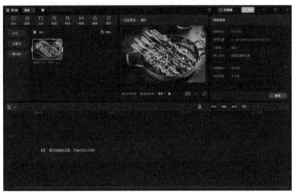

图1-39 图1-40

1.2.3 下载和安装软件

用户在安装剪映专业版前，务必查看一下自己所使用的计算机的配置参数，以免出现软件无法正常安装使用的情况。下面是不同系统版本对应的配置需求，图1-41为MacOS系统配置需求，图1-42为Windows系统配置需求。

图1-41 图1-42

剪映专业版的下载和安装非常简单，下面以安装Windows版本为例讲解具体的下载及安装方法。在计算机浏览器的搜索框中，输入关键词"剪映专业版"查找相关内容。进入剪映专业版官方主页，在主页单击"立即下载"按钮，如图1-43所示。单击该按钮后，浏览器将弹出任务下载框，用户可以自定义安装程序的存放位置，之后根据提示进行下载即可。

图1-43

完成上述操作后，在计算机的路径文件夹中找到安装程序文件，双击安装程序文件，打开程序安装界面，用户可以自定义软件的安装路径，完成后单击"立即安装"按钮，如图1-44所示，即可开始安装剪映程序。等待程序自动安装完成后，单击"立即体验"按钮，可启动剪映专业版软件。

图1-44

▶ 1.2.4 利用"剪映云"实现专业版与移动版素材互通

如果同时使用剪映移动版和剪映专业版，素材实现互通能为剪辑省去不少麻烦。剪映自带的"剪映云"支持用户上传"草稿"与"素材"。点击图1-45中的"剪映云"按钮 剪映云 进入"我的云空间"，此时点击 按钮便能选择上传"草稿"或是"素材"，如图1-46和图1-47所示。

图1-45　　　　　　　图1-46　　　　　　　图1-47

　　"草稿"或"素材"上传成功后，移动版与专业版剪映都能在"我的云空间"进行观看并下载。如图1-48所示，利用剪映移动版将"草稿"上传后，用剪映专业版登录同一账号，点击"我的云空间"，便能下载已经上传的"草稿"，如图1-49所示。每个账号起始具有512MB的云存储空间，如果想拓展空间，便需要开通剪映VIP或是购买剪映云盘包。

图1-48　　　　　　　　　　图1-49

1.2.5　认识软件的工作界面

　　剪映专业版是剪映移动版被移植到电脑上的版本，所以总体来说操作的底层逻辑与剪映移动版几乎完全相同，如图1-50所示。由于电脑的屏幕较大，剪映专业版的界面会有一定的变化。只要了解了各个功能和选项的位置，在学会了操作剪映移动版的情况下，也就自然知道如何通过剪映专业版进行剪辑。

剪映专业版主要包含6大区域，分别为工具栏区域、素材

图1-50

区、预览区、细节调整区、常用功能区和轨道区域，如图1-51所示。在这6大区域中，分布着剪映专业版所有的功能和选项。其中占据空间最大的是轨道区域，而该区域也是视频剪辑的"战场"。剪辑的绝大部分工作，都是在对轨道区域中的轨道进行编辑，从而实现预期的画面效果。双击剪映图标，单击"开始创作"，即可进入剪映专业版编辑界面。

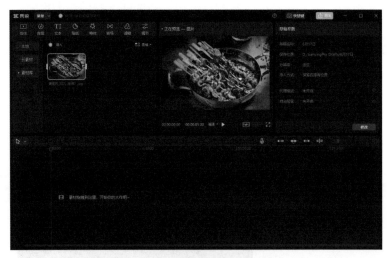

图1-51

> 工具栏区域：工具栏区域包含"媒体""音频""文本""贴纸""特效""转场""滤镜""调节"8个选项。其中只有"媒体"选项没有在剪映移动版中出现。单击"媒体"选项后，可以选择从"本地"或"素材库"中导入素材至素材区。

> 素材区：无论是从本地导入的素材，还是在工具栏中的"贴纸""特效""转场"等选择的素材、效果，均会在"素材区"显示。

➤ 预览区：剪辑过程中，可随时在预览区查看效果。单击预览区右下的█图标可进行全屏预览；单击右下角的██图标，可以调整视频显示比例。

➤ 细节调整区：当选中轨道区域中某一轨道后，在细节调整区即会出现可针对该轨道进行的细节设置。选中主视频轨道、文字轨道和贴纸轨道时，细节调整区如图1-52~图1-54所示。

图1-52

图1-53

图1-54

➤ 常用功能区：在常用功能区中可快速对视频轨道进行分割、删除、定格、倒放、镜像、旋转和裁剪等操作。

➤ 轨道区域：轨道区域包含3大元素，分别为轨道、时间轴和时间刻度。由于剪映专业版界面较大，所以不同轨道可以同时显示在时间线中，如图1-55所示。这点相比移动版优势明显，可以提高后期处理效率。

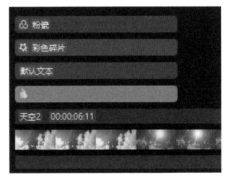

图1-55

实战：
查看并学习操作快捷键

在使用剪映专业版软件编辑影片时，为了让工作效率更高，可以灵活运用键盘上的快捷键实现各项剪辑操作。下面就为大家讲解如何在剪映专业版中查看和操作快捷键。

01 在剪映专业版中创建了剪辑项目后，单击视频编辑界面右上角的"快捷键"按钮，如图1-56所示。

02 完成上述操作后，将打开剪映专业版的快捷键列表，用户可以查看各操作对应的快捷键，如图1-57所示。

图1-56　　　　　　　　　　　　　图1-57

03 以分割素材操作为例，用户将素材库中的素材拖入轨道区域后，一般默认处于"选择"工具状态，如图1-58所示。

04 按快捷键Ctrl+B，可从"选择"工具切换至"分割"工具，此时在素材缩览图上单击，即可分割素材，如图1-59所示。

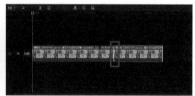

图1-58　　　　　　　　　　　　　图1-59

1.3　使用"剪同款"模板

对于刚刚接触短视频制作，不了解视频拍摄技巧和制作方法的朋友们来说，剪映中的"剪同款"功能无疑会成为他们爱不释手的一项功能。通过"剪同款"功能，用户可以轻松套用视频模板，快速且高效地制作出同款短视频。

▶ 1.3.1 "剪同款"模板功能介绍

使用剪映视频模板的方法非常简单：在确定需要应用的视频模板后，点击模板视频右下角的"剪同款"按钮，进入素材选取界面，如图1-60和图1-61所示。

在素材选取界面底部，会提示用户需要选择几段素材，以及视频素材或图像素材的所需时长。在完成素材选择后，点击"下一步"按钮 ⏺，等待片刻即可生成相应的视频内容，如图1-62和图1-63所示。

| 图1-60 | 图1-61 | 图1-62 | 图1-63 |

生成的短视频内容会自动添加模板视频中的文字、特效及背景音乐，在编辑界面中不仅可以对视频效果进行预览，还能对内容进行简单的编辑和修改。

在编辑界面下方分别提供了"视频编辑""文本编辑"和"解锁草稿"三个选项。在"视频编辑"选项下，点击素材缩览图，将弹出"拍摄""替换""裁剪""音量""编辑更多"5个选项，如图1-64所示。其中，"拍摄"和"替换"选项是用来对已添加的素材进行更改操作的选项。点击"拍摄"按钮，将进入视频拍摄界面，如图1-65所示，此时可以拍摄新的照片或图像素材来替换之前添加的素材；

| 图1-64 | 图1-65 |

点击"替换"按钮，可以再次打开素材选取界面，重新选择素材进行替换操作。

如果在预览视频时，对画面的显示区域不满意，则可以通过"裁剪"选项打开素材裁剪界面，对画面进行裁剪，或移动裁剪框来重新选取需要被显示的区域，如图1-66所示。"音量"则可以调节视频素材的声音大小。如果购买了作者的草稿，则可以自由编辑模板中所有的元素。

在编辑界面中，切换至"文本编辑"选项，可以看到底部分布的文字素材缩览图，点击其中一个文字素材，将弹出输入键盘，此时可以对选中的文字内容进行修改，如图1-67和图1-68所示。

图1-66　　　　　　　图1-67　　　　　　　图1-68

▶ 1.3.2　收藏喜爱的视频模板

打开剪映，在主界面点击"剪同款"按钮，即可跳转模板界面，如图1-69所示。在界面顶部的搜索栏中输入类型后进行搜索，即可找到该类型的短视频模板。如图1-70便是搜索"时尚"找到的模板。

收藏模板的方法也十分简单，给喜欢的模板点赞后便能在"我的"界面中进行查看，如图1-71和图1-72所示。

图1-69　　　　　　　图1-70

图1-71 图1-72

实战：
运用模板快速制作热门短视频

"剪同款"功能为用户提供了快速制作精美视频的途径，熟练掌握此功能便能在短时间内创作出各种各样的视频。下面演示利用"剪同款"制作漫画变脸效果视频的操作。

01 打开剪映，点击主界面下方的"剪同款"按钮 ，在出现的界面中点击上方搜索框输入"漫画变脸效果模板"并进行搜索，如图1-73和图1-74所示。

图1-73 图1-74

02 选择如图1-75所示模板，点击"剪同款"，导入照片素材后点击"下一步"按钮，如图1-76所示。

图1-75　　　　　　　图1-76

03 至此，就完成了制作漫画变脸效果视频的操作。点击视频编辑界面右上角的 按钮，将视频导出到手机相册。视频画面效果如图1-77和图1-78所示。

图1-77　　　　　　　图1-78

第2章

素材的剪辑：
利用技巧构建完整影片

影片的编辑工作是一个不断完善和精细化处理原始素材的过程。一个合格的视频创作者，要学会灵活运用各类视频编辑软件打磨优秀的视频。本章就为大家介绍剪映的一系列基本编辑操作，帮助大家快速掌握各项视频剪辑技法。

2.1 认识短视频剪辑

短视频的创作流程包括产生创意、撰写文案脚本、拍摄视频、后期剪辑和输出成片。其中拍摄视频是产生作品素材的重要步骤，但它并不能使短视频的创作一蹴而就。拍摄完成后，还要经过后期剪辑来对短视频进行精简、重组和润色，从而形成完整的短视频作品。

2.1.1 什么是短视频剪辑

短视频剪辑是短视频创作的一个重要步骤，它不只是把某个视频素材剪成多个，更重要的是将这些片段完美地整合在一起，更加准确地突出短视频的主题，使短视频结构严谨、风格鲜明。短视频剪辑在一定程度上决定着短视频作品的质量优劣。短视频剪辑可以影响短视频的叙事、节奏和情绪，好的剪辑可以使短视频内容得到升华。

短视频剪辑的"剪"和"辑"是相辅相成的，两者不可分离。短视频剪辑的本质是通过素材的分解组合来完成蒙太奇形象的塑造，以传达故事情节，完成内容叙述。

蒙太奇源自法语Montage，意为"剪辑"，是电影艺术的重要表现方式之一。在短视频领域，蒙太奇是指对短视频的画面或者声音进行组接，用于叙事、创造节奏、营造气氛、刻画情绪等。蒙太奇又分为叙事蒙太奇和表现蒙太奇。其中，叙事蒙太奇又分为连续蒙太奇、平行蒙太奇、交叉蒙太奇、重复蒙太奇等。表现蒙太奇又分为对比蒙太奇、隐喻蒙太奇、心理蒙太奇、抒情蒙太奇等。

2.1.2 短视频剪辑的节奏

短视频剪辑的节奏对短视频作品的叙事方式和视觉感受有着重要的影响，它可以推动短视频剧情的发展。目前，比较常见的短视频剪辑节奏分为以下5种，如图2-1所示。

（1）静接静

静接静是指一个动作结束，另一个动作以静止的形式切入。也就是说，上一帧结束

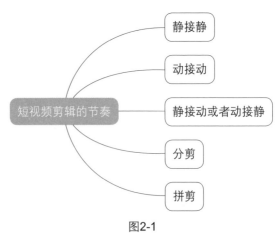

图2-1

在静止的画面，下一帧开始于静止的画面。

静接静还包括场景转换和镜头组接，注重镜头的连贯性。例如，甲听到乙在背后叫他，甲转身观望，下一个镜头如果乙原地站着不动，镜头就应在甲观望姿态稳定后转换，这样才不会破坏这一情节的外部节奏。

（2）动接动

动接动是指在镜头运动中通过推、拉、移等动作进行主体的切换，按照相近的方向或速度进行镜头组接，以产生动感效果。例如，上一个镜头是行进中的火车，下一个镜头如果接沿路的景色，就要组接与火车车速相一致的运动景物的镜头，这样才符合用户的视觉心理要求。

（3）静接动或者动接静

静接动是指动感微弱的镜头与动感明显的镜头进行组接，可以在节奏和视觉上产生强烈的推动感。如果是剧情类视频，这种组接方式可以推动剧情，一般在前面的静止画面中蕴含着强烈的内在情绪。

动接静与静接动刚好相反，可以产生抑扬顿挫的画面感。这种动静明显对比是对情绪和节奏的变格处理，可以造成前后两个镜头在情绪和气氛上的强烈对比。

（4）分剪

分剪是指将一个镜头剪开，分成多个部分，这样不仅可以弥补前期拍摄素材的不足，还可以剪掉画面中卡顿、忘词等要废弃的镜头，以增强画面的节奏。

分剪有时是有意重复使用某一镜头，以表现某一人物的情思和追忆；有时是为了强调某一画面所特有的象征含义，以发人深思；有时是为了首尾呼应，在艺术结构上给人以严谨、完整的感觉。

（5）拼剪

拼剪是指将同一个镜头重复拼接，一般用于镜头时间不够长或缺失素材时，这样做可以弥补前期拍摄的不足，具有延长镜头时间、酝酿用户情绪的作用。

2.2 素材的基本处理

如果将视频编辑工作看作是一个搭建房子的过程，那么素材则可以看作是搭建房子的基石。使用剪映进行视频编辑工作的第一步，是要掌握对素材的各项基本操作，例如素材分割、时长调整、复制素材、删除素材、变速和替换等。

▶ 2.2.1 分割素材

有时一段完整的视频过长，或者只需要使用其中一段的时候，可以利用剪映的"分割"功能对视频进行分割处理，从而获得需要的素材。在剪映中分割素材的方法很简单，首先需要将时间线定位到需要进行分割的时间点，如图2-2所示。

接着选中需要进行分割的素材，在底部工具栏中点击"分割"按钮，即可将选中的素材沿着时间线一分为二，如图2-3和图2-4所示。

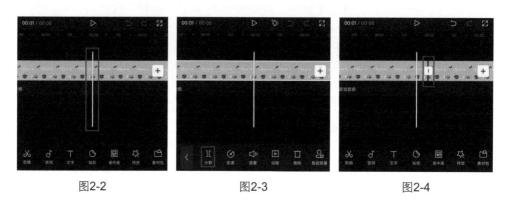

图2-2　　　　　　　　　　图2-3　　　　　　　　　　图2-4

▶ 2.2.2 调整素材时长

在不改变素材片段播放速度的情况下，如果对素材的持续时间不满意，可以通过拖动素材的前端和后端，来改变素材的持续时间。在轨道区域中选中一段视频素材或照片素材后，可以在素材缩览图的左上角看到所选素材的时长，如图2-5所示。

在素材选中状态下，按住素材尾部的，向左拖动可使片段在有效范围内缩短，同时素材的持续时间将变短，如图2-6所示，而向右拖动可使片段在有效范围内延长，同时素材的持续时间将变长，如图2-7所示。

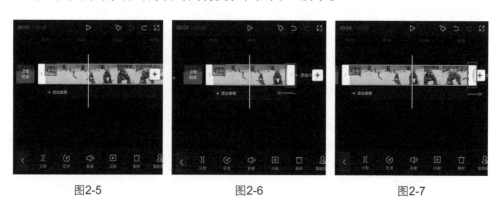

图2-5　　　　　　　　　　图2-6　　　　　　　　　　图2-7

提示：在剪映中调整视频素材的持续时间时需要注意，无论是延长还是缩短素材，都需要在有效范围内完成，即延长素材时不可以超过素材本身的时间长度，也不可以过度缩短素材。

2.2.3 调整素材顺序

视频编辑工作主要是通过在一个视频项目中放入多个片段素材，然后通过片段重组来形成一个完整的视频。当用户在同一个轨道中添加多段素材时，如果要调整其中两个片段的前后播放顺序，可以长按

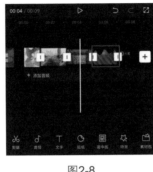
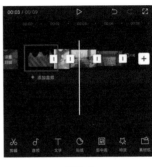

图2-8　　　　　　　　图2-9

其中一段素材，将其拖动到另一段视频的前方或后方，即可调整素材片段的播放顺序，如图2-8和图2-9所示。

2.2.4 调整素材所处时间点

在编辑视频项目时，可能需要将素材的起始点或结束点调整到特定的时间点，以确保得到想要的视频效果。一般情况下，剪映移动版轨道区域中的时间显示区域并不是处于完全展开的状态，如图2-10所示。如果要完全展开时间显示区域，则需要在轨道区域通过两指朝不同方向拉伸，将时间显示区域放大，如图2-11所示。

在完全展开时间显示区域后，可以直观地看到精确的时间点，此时如果要改变素材起始点或结束点所处的时间点，可以选中素材，拖动素材前端或后端的□来调整，如图2-12所示。

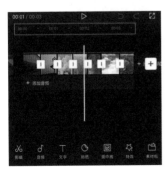

图2-10　　　　　　　　图2-11　　　　　　　　图2-12

实战：
制作多图展示短视频

后期处理时，用户可以在编辑软件中添加视频、图像、文本、字幕、音频、音乐等不同类型的素材，每个素材可以存放在不同的图层中。下面为大家演示添加不同素材的基本操作。

01 打开剪映，在主界面点击"开始创作"按钮回，进入素材添加界面，切换至"照片"选项，依次选择"校园照01"～"校园照04"图像素材，点击"添加"按钮，如图2-13所示。

02 进入视频编辑界面后，可以看到选择的图像素材按照所选顺序排列在了同一条轨道上，如图2-14所示。

03 将时间线定位至"校园照01"图像素材的开始处，点击轨道区域右侧的回按钮，如图2-15所示。

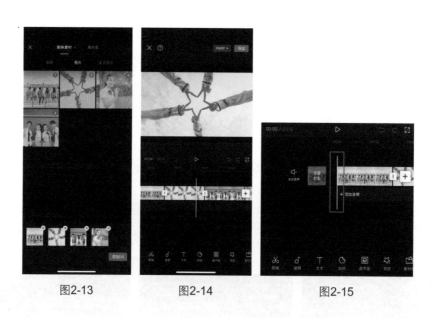

图2-13　　　　　　图2-14　　　　　　图2-15

04 再次进入素材添加界面，切换至"素材库"选项，如图2-16所示。

05 在搜索栏中输入"青春不散场"并搜索，选择搜索到的第2个视频片头素材，如图2-17所示。

图2-16　　　　　　　　图2-17

高手秘笈：在添加素材的过程中，若时间线停靠的位置靠近一段素材的前端，则新增素材会衔接在该段素材的前方；若时间线停靠的位置靠近一段素材的尾部，则新增素材会衔接在该段素材的后方。

06　单击"添加"按钮，选择的视频素材将添加至剪辑项目，并自动排列在"校园照01"图像素材的前方。如图2-18所示。

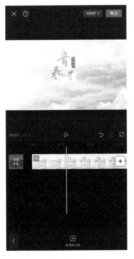

图2-18

提示：在剪映中，无论是视频素材、图像素材、音频素材还是文字素材，都可以分布至独立的轨道。当用户需要再次选择素材进行编辑时，可点击素材缩览气泡，或者在底部工具栏中点击相应的素材工具来激活素材。

▶ 2.2.5 复制和删除素材

如果在视频编辑过程中需要对同一个素材进行多次使用，通过多次素材导入操作是一件比较麻烦的事情，而通过素材复制操作，可以有效地节省工作时间。

在项目中导入一段素材。在该素材被选中状态下，点击底部工具栏中的"复制"按钮，可以得到一段同样的素材，如图2-19和图2-20所示。

若在编辑过程中对某个素材的效果不满意，可以将该素材删除。在剪映中删除素材的操作非常简单，只需要在轨道区域中选中素材，然后点击底部工具栏中的"删除"按钮，即可快速将所选素材删除，如图2-21所示。

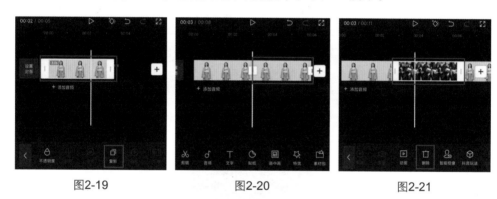

图2-19　　　　　　　　图2-20　　　　　　　　图2-21

提示：若在视频编辑过程中误删了素材，则可以点击轨道右上角的"撤销"按钮返回上一步操作。

▶ 2.2.6 替换素材

替换素材是视频剪辑的一项必备技能，它能够帮助用户打造出更加符合心意的作品。在进行视频编辑处理时，如果用户对某个部分的画面效果不满意，若直接删除该素材，势必会对整个剪辑项目产生影响。想要在不影响剪辑项目的情况下换掉不满意的素材，可以通过剪映中的"替换"功能轻松实现。

在轨道区域中，选中需要进行替换的素材片段，然后在底部工具栏中点击

"替换"按钮◪，如图2-22所示。接着进入素材添加界面，点击一个素材，即可
完成替换，如图2-23所示。

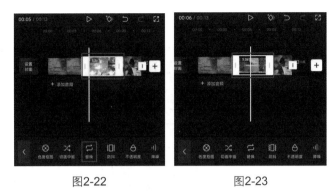

图2-22　　　　　　　　　　　　图2-23

提示：如果替换的素材出现没有铺满画布的情况，可以选中素材，然后在预
览区域中通过双指缩放来调整画面大小。

2.3　视频画面的基本调整操作

视频编辑离不开画面调整这一环节。无论是专业用户还是非专业用户，在视
频拍摄过程中难免会出现不满意的地方，这时候就需要通过一系列调整操作来完
善画面效果。

2.3.1　手动调整画面大小

视频素材的画面大小并不是统一的，有时需要通过调整才能达到理想中的效
果。在剪映中手动调整画面大小的方法非常简单，可以有效地帮助用户节省操作

时间，具体的操作方法
为：在轨道区域中选中素
材，然后在预览区域中，
通过双指开合调整画面。
双指向相反方向滑动，可
以将画面放大；双指聚
拢，则可以将画面缩小，
如图2-24和图2-25所示。

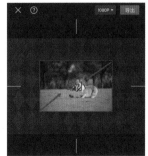

图2-24　　　　　　　图2-25

31

2.3.2 旋转视频画面

在剪映中对画面进行旋转的方法有以下两种。

（1）手动旋转

这个方法与上面所讲的手动调整画面大小的方法类似，同样需要用户通过手指完成，具体的操作方法为：在轨道区域中选中素材，然后在预览区域中，通过双指旋转操控完成画面的旋转，双指的旋转方向对应画面的旋转方向，如图2-26和图2-27所示。

图2-26　　　　　图2-27

（2）使用"旋转"功能

通过双指旋转画面的同时，若调节不当，可能会造成画面大小的变化。要想在不改变画面大小的情况下进行旋转操作，可在轨道区域中选中素材，然后点击底部工具栏中的"编辑"按钮，如图2-28所示，接着在编辑选项栏中点击"旋转"按钮，可以对画面进行顺时针旋转，且不会改变画面大小，如图2-29所示。

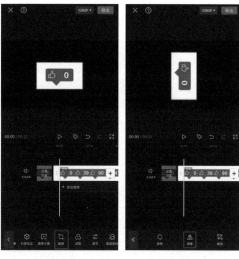

图2-28　　　　　图2-29

提示：相较于手动旋转操作来说，通过"旋转"功能旋转画面具有一定的局限性，只能对图像进行顺时针90°旋转。

2.3.3 裁剪视频画面

对于一些在拍摄时不知道如何构图取景的朋友来说，在视频编辑工作中，合理地裁剪视频尺寸可以起到"二次构图"的作用。例如，当后期处理时发现素材画面中有太多元素,造成主体不明显,此时便可以通过裁剪功能,对画面中多余的对象进行"割舍",使画面主体更加突出。

在轨道区域中选择一段素材,然后在底部工具栏中点击"编辑"按钮 ，如图2-30所示。接着在编辑选项栏中点击"裁剪"按钮 ，如图2-31所示。

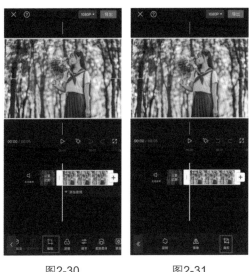

图2-30　　　　　　　图2-31

剪映中的"裁剪"功能包含了几种不同的裁剪模式,通过选择不同的比例选项,可以裁剪出不同的画面效果,如图2-32~图2-34所示。

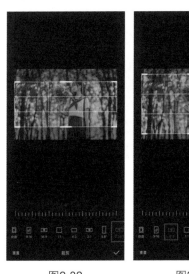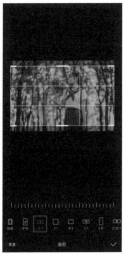

图2-32　　　　　　图2-33　　　　　　图2-34

用户在进行画面裁剪操作时，在"自由"模式下可通过拖动裁剪框的一角，将画面裁剪为任意比例大小；在其他模式下，也可以通过拖动裁剪框改变裁剪大小，但裁剪比例不会发生改变。

在裁剪选项的上方分布的刻度线是用来调整画面旋转角度的，拖动滑块可使画面进行顺时针方向或逆时针方向的旋转。在完成画面的裁剪操作后，点击右下角的✅按钮可保存操作；若不满意裁剪效果，可点击左下角的🔲按钮，如图2-35所示。

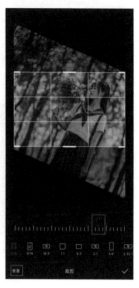

图2-35

▶ 2.3.4 调整画幅比例

画幅比例是用来描述画面宽度与高度关系的一组对比数值。对于视频来说，合适的画幅比例可以为观众带来更好的视觉体验；而对于视频创作者来说，合适的画幅可以改善构图，将信息准确地传递给观众，从而与观众建立更好的交流。

在剪映中，用户可以为视频素材应用多种画幅比例。在未选中素材的状态下，点击底部工具栏中的"比例"按钮，打开比例选型栏，在这里用户可以为视频项目设置合适的画幅比例，如图2-36和图2-37所示。

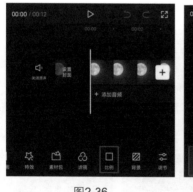
图2-36

图2-37

在比例选型栏中点击任意一个比例选项，即可在预览区域看到相应的画面效果。如果没有特殊的视频制作要求，建议选择9∶16或者16∶9这两种比例，如图2-38和图2-39所示，因为这两种比例更加符合一些短视频平台的上传要求。

图2-38　　　　　　　　　图2-39

实战：横屏视频变竖屏

在许多主流手机社交媒体平台上比较流行竖屏视频（即9∶16画幅比例的视频），因为竖屏视频更加符合平台用户的观看习惯。在日常拍摄时，大家或许习惯横着手机取景，这样拍出来的视频若直接上传至社交媒体平台，则会在画面上下产生黑边。接下来为大家讲解如何将横屏视频转为竖屏，并且去掉黑边。

01　打开剪映，在主界面点击"开始创作"，进入素材添加页面，选择"背景"图片素材，点击"添加"按钮将素材添加至剪辑项目。

02　进入视频编辑界面后，在未选中素材的情况下，点击底部工具栏中的"比例"按钮，打开比例选项栏，选择9∶16选项，然后在预览区域中通过双指调整素材画面，使其适应画布（背景）大小，如图2-40所示。

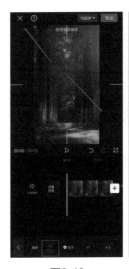

03　点击按钮返回上一级工具栏，将时间线移至起始位置，然后在未选中素材的情况下，点击底部工具栏中的"画中画"按钮，如图2-41所示。

图2-40　　　　　　　　　图2-41

04 点击"新增画中画"按钮，进入素材添加界面，选择"自行车"视频素材，点击"添加"按钮，将其添加至剪辑项目，如图2-42所示。

05 选中"自行车"视频素材，在预览区域中调整素材画面至合适大小，如图2-43所示。

06 在轨道区域中，选中"背景"图像素材，然后按住素材尾部的图标向右移动，使背景图像素材的尾部与"自行车"视频素材尾部对齐，如图2-44所示。

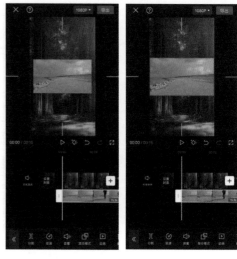

图2-42   图2-43

07 完成所有操作以后，点击视频编辑界面右上角的"导出"按钮，将视频导出到手机相册。视频最终效果如图2-45所示。

图2-44

图2-45

提示：在剪映中，将横屏变为竖屏的方法有很多，例如添加背景画布、转换为三宫格视频，在之后的章节中将为大家详细介绍。

▶ 2.3.5 画面镜像调整

通过剪映中的"镜像"功能，可以轻松地将素材画面进行翻转，从而制作富有视觉冲击效果的画面，如上下颠倒的城市，亦或是利用"镜像"调整画面，从而获得需要的效果。对素材进行镜像操作的方法很简单，在轨道区域中选中素材，然后在底部工具栏中点击"编辑"按钮▢，接着在编辑选项栏中点击"镜像"按钮◭，即可将素材画面进行镜像翻转，如图2-46和图2-47所示。

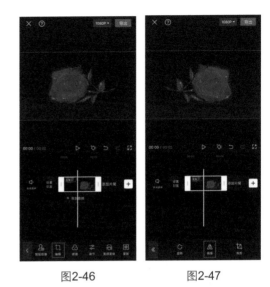

图2-46　　　　　　　图2-47

实战： 打造空间倒置特效

下面将为大家讲解使用剪映打造空间倒置特效的操作方法。制作该效果需要重点掌握编辑选项栏中"镜像""旋转"和"裁剪"三个功能的结合使用。

01 打开剪映，在主界面点击"开始创作"按钮￿，进入素材添加界面，选择"城市"图像素材，点击"添加"按钮，将素材添加至剪辑项目。

02 进入编辑界面后，在轨道区域中选中"城市"图像素材，然后在预览区域中将素材向下适当拖动一些距离，如图2-48和图2-49所示。

图2-48　　　　　　　图2-49

03 在未选中素材的情况下，点击底部工具栏中的"画中画"按钮，然后点击"新增画中画"按钮，进入素材添加界面，再次选择"城市"图像素材，点击"添加"按钮，将其添加至剪辑项目，如图2-50所示。

04 在预览区域中，通过双指缩放调整素材画面，使其适应画布大小，如图2-51所示。

05 选中第二次添加的"城市"图像素材，在底部工具栏中点击"编辑"按钮，然后在编辑选项栏中点击两次"旋转"按钮，将画面倒置，如图2-52所示。

06 在编辑选项栏中，点击"镜像"按钮将画面翻转，如图2-53所示。

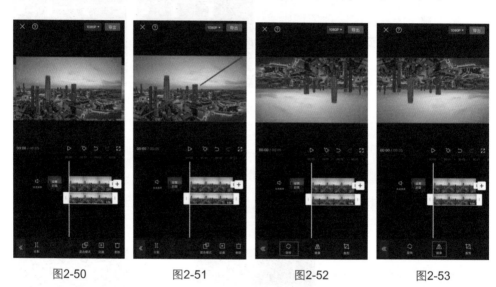

| 图2-50 | 图2-51 | 图2-52 | 图2-53 |

07 在编辑选项栏中，点击"裁剪"按钮进入裁剪界面，在"自由"模式下，拖动裁剪控制框对画面进行裁剪，如图2-54所示，完成操作后点击右下角的按钮，此时得到的画面效果如图2-55所示。

08 在预览区域中，将被裁剪的对象向上拖动，调整到合适位置，使两个画面较好地拼合在一起，如图2-56所示。

09 在未选中素材状态下，在底

| 图2-54 | 图2-55 |

部工具栏中点击"贴纸"按钮，在打开的贴纸选项栏中选择一款贴纸，并将其调整到合适的大小及位置，如图2-57所示，完成操作后点击✓按钮。

图2-56   图2-57

10 完成所有操作后，点击视频编辑界面右上角的 导出 按钮，将视频导出到手机相册。视频效果如图2-58和图2-59所示。

图2-58   图2-59

扫码观看
本章视频

第3章

创建和编辑文本：
解释说明并丰富信息

字幕是指以文字形式显示电视剧、电影、舞台作品中的对话等非影像内容，也泛指影视作品后期加工的文字、在电影银幕或电视机下方出现的解说文字，如影片的片头、演职员表、唱词、对白、说明词、人物介绍、地名和年代介绍等。影视作品的对话字幕一般出现在屏幕下方，戏剧作品的字幕则显示于舞台两侧或上方。

将影视作品的语音内容以字幕的方式显示，可以帮助观众理解影视作品内容。由于很多字词同音，将字幕文字和音频结合起来，观众能够清楚地了解节目内容。另外，字幕也常用于翻译外语影视作品，让不理解外语的观众既能听到原作的声音，又能理解影视作品内容。

此外，将片头、片尾的标题字幕稍加设计，也会有不同的视觉冲击效果，并且能增加记忆点，如图3-1所示。

图3-1

3.1 字幕的创建及调整

本节从技术层面介绍如何在视频剪辑项目中添加字幕，并对添加的字幕进行加工、润色，以展现字幕更为多彩的一面。

3.1.1 添加基本字幕

创建剪辑项目后，在未选中素材的状态下，点击底部工具栏中的"文字"按钮 T，在打开的文本选项栏中，点击"新建文本"按钮 A+，如图3-2和图3-3所示。

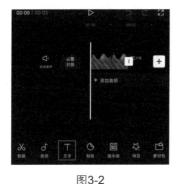
图3-2

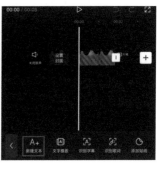
图3-3

此时将弹出输入键盘，如图3-4所示，用户可以根据实际需求输入文字，文字内容将同步显示在预览区域，如图3-5所示，完成后点击 按钮，即可在轨道区域中生成文字素材。

图3-4

图3-5

3.1.2 调整字幕基本参数

在轨道区域中添加文字素材后，在文字素材选中状态下，可以在底部工具栏中点击相应的工具按钮对文字素材进行分割、复制和删除等基本操作，如图3-6

所示。

此外，在预览区域中可以看到文字素材周围分布着一些功能按钮，如图3-7所示，通过这些功能按钮同样可以对素材进行一些基本调整。

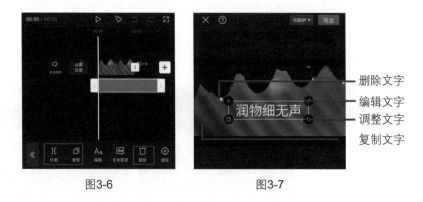

图3-6　　　　　　　　　　　　　图3-7

在预览区域中，点击文字素材旁的●按钮，或者双击文字素材，即可打开输入键盘，对文字内容进行修改；点击文字素材旁的●按钮，可对文字进行缩放和旋转操作；按住文字素材进行拖动，可以调整素材的摆放位置。

在轨道区域中，按住素材，当素材变为灰色状态时，可进行左右拖动，以调整文字素材的摆放位置，如图3-8所示。文字素材选中状态下，按住素材前端或尾端的□左右拖动，可以对文字素材的持续时间进行调整，如图3-9所示。

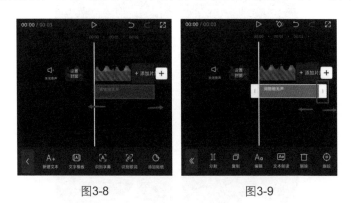

图3-8　　　　　　　　　　　　　图3-9

3.1.3　字幕样式调整

在创建了基本字幕后，还可以对文字的字体、颜色、描边和阴影等样式进行设置。打开字幕样式栏的方法有两种。

第一种方法：在创建字幕时，点击文本输入栏下方的"样式"选项，即可切换至字幕样式栏，如图3-10所示。

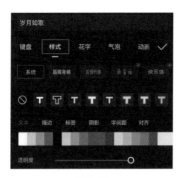

图3-10

第二种方法：若用户在剪辑项目中已经创建了字幕素材，需要对文字的样式进行设置，则可以在轨道区域中选择字幕素材，然后点击底部工具栏中的"编辑"按钮Aa，即可快速打开字幕样式栏，如图3-11和图3-12所示。

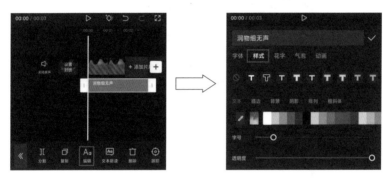

图3-11　　　　　　　　　　　　　　　图3-12

3.1.4　花字及气泡效果

在剪映的字幕功能列表中，花字和气泡是修饰字幕时常用的功能，而且添加方式也很简单。在剪映的字幕功能列表中，点击"花字"选项，在列表中可以看到不同的花字样式，如图3-13所示；点击"气泡"选项，在对应的列表中可以看到各种对话框形式的气泡，如图3-14所示。

图3-13　　　　　　　　　　　　　　图3-14

43

添加字幕时，首先应遵循字幕应用技巧的第一个要点，即认真选择字幕的颜色。例如，当视频的画面整体呈白色时，可以选择底色与白色相近的花字，如图3-15所示，这样字幕在画面中会显得比较和谐、自然。也可以根据需求，选择其他形式的修饰元素，例如颜色相近的气泡字幕，如图3-16所示。

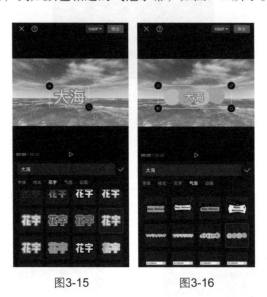

图3-15　　　　　　图3-16

实战：为视频添加综艺花字

在观看综艺节目时，经常可以看到跟随情节跳出的彩色花字，其在恰当的时刻很好地活跃了节目的气氛。下面就为读者讲解在视频中添加花字的相关操作。合理利用花字，可以让视频呈现更好的视觉效果。

01 打开剪映，点击"开始创作"按钮 +，进入素材添加界面，选择"女孩拿着喇叭呼喊"的视频，点击"添加"按钮，将素材添加至剪辑项目中，如图3-17所示。

02 将时间线定位至女孩张口的位置，点击底部工具栏中的"文字"按钮 T，然后点击"新建文本"按钮 A+，在文本输入框中输入"大减价啦！"接着，点击"花字"选项，在列表中选择如图3-18的样式，完成后点击"确认"按钮 ✓。

图3-17

03 在预览区域中，按住文本框左下角的按钮，将文字进行放大并顺时针旋转 45°，然后移动至合适位置，如图3-19所示。

图3-18　　　　　　　　　　图3-19

04 在预览区域中，点击文本框中的按钮，如图3-20所示，对文字进行复制，然后按住文本框进行拖动，预览区域中将会出现一个一模一样的文本框，与上述步骤一致，点击文本框中的按钮，将文字缩小，如图3-21所示。

图3-20　　　　　　　　　　图3-21

05 在轨道区域中选中文字素材，按住素材前端或尾端的图标进行拖动，将文字素材的时长调整至女孩说完话的位置。

06 将时间线定位至女孩再次开口的位置，点击底部工具栏中的"文字"按钮，然后点击"新建文本"按钮，在文本输入框中输入"满100减30！"接着，点击"花字"选项，在列表中选择如图3-22的样式，完成后点击"确认"按钮。

07 与上述复制方法一致，在预览区域中，点击文本框左下角的按钮，然后按住文本框进行拖动，预览区域中将会出现一个一模一样的文本框，点击文本框右

下角的按钮 ，即可将文字缩小。如图3-23所示，在下方复制出两个小型文本框。

图3-22　　　　　　　　　图3-23

08　在轨道区域中选中文字素材，按住素材前端或尾端的█图标进行拖动，将文字素材的时长调整至女孩说完话的位置。

09　完成所有操作后，点击视频编辑界面右上角的 导出 按钮，将视频导出到手机相册。视频效果如图3-24和图3-25所示。

图3-24　　　　　　　　　图3-25

3.2　字幕的其他应用

以往在视频后期处理工作中添加人物台词或歌词字幕时，不仅需要手动输入大量的文字，而且还需要将文字素材摆放在准确的时间点上，以保证声画同步。这样添加字幕需要花费许多的精力和时间。如今，一些视频剪辑软件自带智能识别功能，可以快速识别语音或歌词，在准确的时间点自动生成对应的字幕素材，这样既节省时间，又省去了手动添加字幕的烦琐步骤，有效提高了视频处理工作的效率。

▶ 3.2.1 自动识别歌词

在剪辑项目中添加中文背景音乐后，通过"识别歌词"功能，可以对音乐进行自动识别，并生成相应的字幕素材，对于一些想要制作音乐MV短片、卡拉OK视频效果的创作者来说，这是一项非常省时省力的功能。

使用"识别歌词"功能的操作非常简单，下面为大家进行简单的演示。在剪辑项目中完成背景视频素材的添加和处理后，将时间线定位至需要添加背景音乐的时间点，然后在未选中素材的状态下，点击底部工具栏中的"音频"按钮 ，→"音乐"按钮 ，如图3-26所示。进入音乐素材库后，在音乐素材库中自行选择一首背景音乐添加至剪辑项目，如图3-27所示。

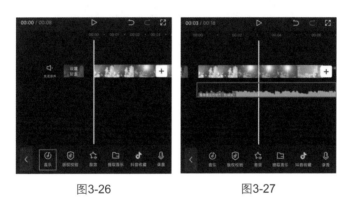

图3-26　　　　　　　　　图3-27

提示：剪映的"识别歌词"功能暂时只支持识别中文歌曲。

返回第一级底部工具栏，在未选中素材状态下，点击底部工具栏中的"文本"按钮 ，如图3-28所示，打开文本选项栏，点击其中的"识别歌词"按钮 ，如图3-29所示。

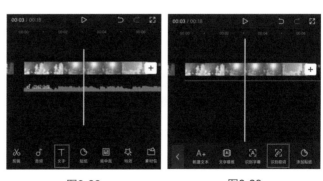

图3-28　　　　　　　　　图3-29

在弹出的提示框中，点击"开始识别"按钮，如图3-30所示。等待片刻，待识别完成后，将在轨道区域中自动生成多段文字素材，并且生成的文字素材将自动匹配相应的时间点，如图3-31所示。

图3-30   图3-31

提示：在生成歌词文字素材后，用户还可以对文字素材进行单独或统一的样式修改，以呈现更加精彩的画面效果。

实战：
利用"识别字幕"功能自动生成字幕

剪映内置"识别字幕"功能，可以对视频中的语音进行智能识别，然后自动转化为字幕。通过该功能，可以快速且轻松地完成字幕的添加工作，以达到节省工作时间的目的。

01 打开剪映，在主界面点击"开始创作"按钮➕，进入素材添加界面，选择"背景"视频素材，点击"添加"按钮，将素材添加至剪辑项目。

02 进入视频编辑界面后，将时间线定位至视频起始位置，在未选中素材状态下，点击底部工具栏中的"文字"按钮▉，如图3-32所示。

03 打开文本选项栏，点击其中的"识别字幕"按钮▉，如图3-33所示。

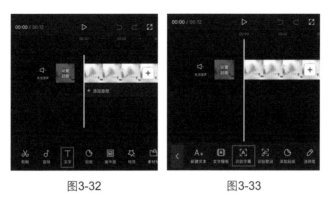

图3-32   图3-33

04 在弹出的提示框中，点击"开始识别"按钮，如图3-34所示。等待片刻，待识别完成后，将在轨道区域中自动生成4段文字素材，如图3-35所示。

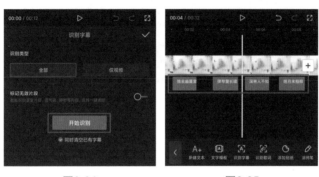

图3-34   图3-35

05 在轨道区域中，选择第1段文字素材，然后点击底部工具栏中的"编辑"按钮Aa，如图3-36所示。

06 打开字幕列表，在"字体"栏中点击"圆体"，如图3-37所示。

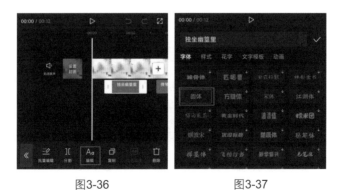

图3-36   图3-37

07 在"样式"栏中，选择一个黑色描边样式，切换至"排列"设置栏，调整文字间距为2，并在预览区域中将文字调整到合适的大小及位置，如图3-38所示，完成设置后点击☑按钮。

08 在文字素材选中状态下，点击底部工具栏中的"动画"按钮◎，如图3-39所示。

图3-38　　　　　　　图3-39

09 打开"动画"栏，在"入场动画"选项中点击"卡拉OK"效果，设置动画速率为1.2s，并设置动画颜色为紫色，如图3-40所示，完成操作后点击☑按钮。

10 完成上述操作后，得到的字幕效果如图3-41所示。

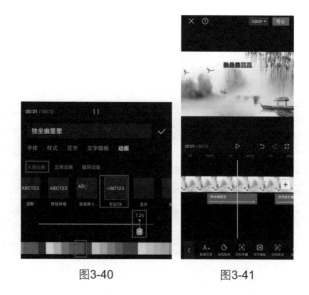

图3-40　　　　　　　图3-41

11 在不改变起始时间点的情况下，在轨道区域中，分别将第2段、第3段和第4

段文字素材向下拖动，使它们各自分布在独立的轨道中，如图3-42所示。

12 完成上述操作后，在轨道区域中调整4段文字素材的持续时长，使它们的尾部与"背景"视频素材的尾部保持一致，如图3-43所示。

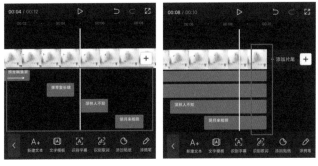

图3-42　　　　　　　　图3-43

13 在轨道区域中，选择第1段文字素材，点击底部的"编辑"按钮Aa，打开字幕列表后，取消选择"应用到所有字幕"这一选项（该选项默认为选中状态），如图3-44所示，这样就可以对文字素材进行单独位移操作了。

14 依次选择第2、3、4段文字素材，在预览区域中对文字的摆放位置进行调整，完成后效果如图3-45所示。

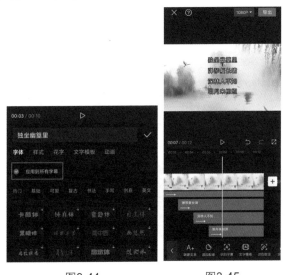

图3-44　　　　　　　　图3-45

15 参照步骤8和步骤9所讲的操作方法，对剩余3段文字素材添加"卡拉OK"动画效果。完成动画的添加后，点击视频编辑界面右上角的 导出 按钮，将视频导出到手机相册。视频画面效果如图3-46～图3-48所示。

图3-46　　　　　　　　　　　图3-47　　　　　　　　　　　图3-48

提示：在识别人物台词时，如果人物说话的声音太小，或者语速过快，就会影响字幕自动识别的准确性。此外，在识别歌词时，受演唱时的发音影响，也容易造成字幕出错。因此在完成字幕和歌词的自动识别工作后，一定要检查一遍，及时地对错误的文字内容进行修改。

3.2.2　利用"文本朗读"功能让视频自己说话

在刷抖音时，经常能听到一个熟悉的女声，这个声音在教学类、搞笑类、介绍类短视频中很常见。有些人认为这个女声是视频进行配音后再做变声处理得到的，其实没有那么麻烦，只需要利用"文本朗读"功能就可以轻松实现。

在轨道区域中选已经添加好的文本轨道，然后点击界面下方的"文本朗读"按钮 [Aa]，如图3-49所示。在弹出选项中，可以选择多种音色，在抖音中经常听到的正是"小姐姐"音色，如图3-50所示。

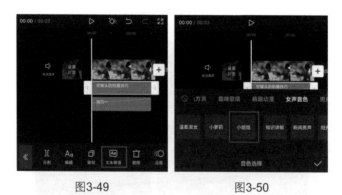

图3-49　　　　　　　　　　　图3-50

利用同样的方法，可让其他文本轨道也自动生成语音。但这时会出现一个问题，相互重叠的文本轨道导出的语音也会互相重叠。此时，切记不要调节文本轨道，而是点击界面下方的"音频"按钮，从而显示出已经导出的各条音频轨道，如图3-51所示。

只需要让音频彼此错开，就可以解决语音相互重叠的问题，如图3-52所示。如果希望视频中没有文字，但依然有"小姐姐"的声音，可以通过两种方法实现。

方法一：在生成语音后，将相应的文本轨道删掉即可。

方法二：在生成语音后，选中文本轨道，点击"样式"，并将"透明度"设置为0，如图3-53所示。

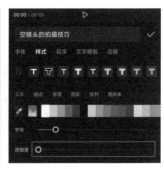

图3-51　　　　　　　　　图3-52　　　　　　　　　图3-53

3.3　让文字动起来

将字幕以动画的形式呈现，能够让单调的字幕元素更具动感。在剪映中，字幕动画被划分为入场动画、出场动画和循环动画3类，这些动画效果可以与视频开场字幕或字幕退出搭配使用。

在轨道区域中选择已经创建好的文字素材，点击底部工具栏中的"动画"按钮，如图3-54所示，打开动画选项栏，其中提供了入场动画、出场动画和循环动画这3种类别的动画，如图3-55所示。

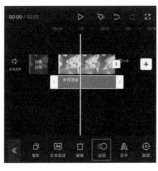

图3-54　　　　　　　　　图3-55

（1）添加入场动画

许多短视频创作者习惯在视频的开场字幕中运用入场动画，这一操作其实非常简单。

在素材库中，选择需要使用的素材，添加至剪辑项目中，然后点击"文字"按钮▮，点击"新建文本"按钮▲，在文本输入框中输入文字后，点击"动画"按钮▶，即可展开入场动画列表，此时根据需求选择入场动画效果即可。

在选择了入场动画之后，可以左右滑动时间滑块来调整动画时长，如图3-56所示。图3-57所示为"爱心弹跳"入场动画效果的示意图。

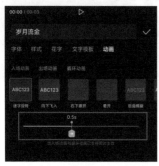
图3-56

图3-57

（2）添加出场动画

出场动画与入场动画相反，是作为字幕退出视频画面时使用的动画效果，其添加的方式与入场动画的添加方式相似。在文本输入框下方可以直接点击"动画"按钮▶，选择"出场动画"中的选项；还可以在文字素材选中的情况下，在文字功能列表中点击"动画"按钮◎，进入列表后选择出场动画效果。

出场动画的时长也可以通过时间滑块来调整，如图3-58所示。图3-59所示为"溶解"出场动画效果的示意图。

图3-58

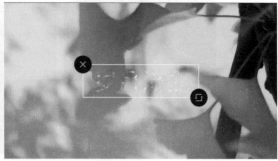
图3-59

（3）添加循环动画

循环动画与入场动画、出场动画不同，它是连续、重复且有规律的动画效果，具有一定的持续性。添加方式与上述添加出入动画的方式相似，导入背景素材之后，点击"文字"按钮 T，点击"新建文本"按钮 A+，在文本输入框中输入文字后，点击"动画"按钮 ▶，进入列表后选择循环动画效果。

循环动画可以左右滑动时间滑块调节动画循环的节奏，如图3-60所示。图3-61所示为"甜甜圈"循环动画效果的示意图。

图3-60

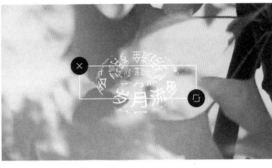

图3-61

实战：
制作聊天消息"气泡"视频效果

本实例主要讲解制作聊天消息"气泡"视频效果的方法。这里所讲解的，是将文字、气泡框素材与视频画面相结合，加上动画效果和音效制作出的聊天消息"气泡"视频效果。

01 打开剪映，导入一段女性手机打字的视频素材。

02 点击"画中画"按钮 ▣，将另一段男性手机打字的视频素材添加至剪辑项目中。在预览区域移动素材的位置，将素材铺至画面的60%，如图3-62所示。

03 选中画中画视频素材，点击"蒙版"按钮 ⊘，选择"线性"蒙版，如图3-63所示。

图3-62

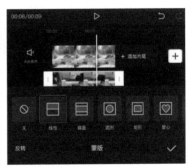

图3-63

04 在预览区域使用双指旋转"线性"蒙版工具，把画中画素材的硬边消除，再将羽化工具向左边扩展至合适的程度，直至看不见硬边，点击"确认"按钮☑，如图3-64所示。

05 返回到第一级底部工具栏，点击"画中画"按钮▣→"新增画中画"按钮➕，将聊天气泡素材添加至剪辑项目中，如图3-65所示。将聊天气泡素材缩小，移动至合适的位置。

06 点击"混合模式"按钮▣，选择"滤色"效果。在选中聊天气泡视频素材的状态下，点击"复制"按钮▢，如图3-66所示，

图3-64

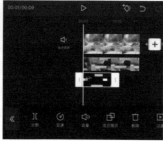
图3-65

图3-66

07 复制三次，得到四个相同的聊天气泡素材，如图3-67所示。

08 将复制的三个聊天气泡，按出现的顺序分别排列在第三、四、五轨道，如图3-68所示。

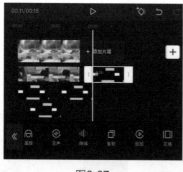
图3-67

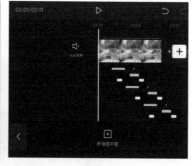
图3-68

09 选中第一个聊天气泡视频素材，点击"蒙版"按钮◉，选择"矩形"，只框选第一个出现的气泡，如图3-69所示。

10 选中第二个聊天气泡视频素材，点击"蒙版"按钮◉，选择"矩形"，只框选第二个出现的气泡，如图3-70所示。

图3-69　　　　　　　　　　　图3-70

11　重复步骤10的操作，完成对第三、第四个气泡的修改，如图3-71所示。

12　点击返回键回到剪辑主界面，将时间线移动至第一个聊天气泡的开头处，点击"文字"按钮 T，输入第一句出现的聊天文字，如"你在干嘛？"文字颜色选择黑色。点击"动画"按钮 ，应用"入场动画"中的"放大"效果，设置时长为0.1s，如图3-72所示。

图3-71　　　　　　　　　　　图3-72

13　在预览区域使用双指缩小文字至合适的大小，并将文字移动至气泡框中，点击"确认"按钮 ，如图3-73所示。

14　将文本素材的持续时间延长至与主轨视频素材时长一致，如图3-74所示。

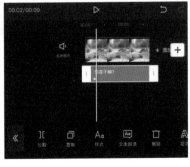

图3-73　　　　　　　　　　　图3-74

15 重复步骤12的操作，对后面三个气泡添加文字部分，文字与相对应的聊天气泡开头处必须保持一致，如图3-75所示。

16 选中第一段聊天气泡视频素材，点击"动画"按钮▶，应用"入场动画"中的"放大"效果，如图3-76所示。完成后，为其余聊天气泡素材添加同样的入场效果。

 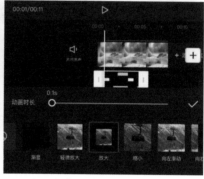

图3-75　　　　　　　　　　　　　　　图3-76

17 点击"音频"按钮♪→"音效"按钮，在"手机"效果中找到"消息提示音"并点击"使用"按钮 使用 ，如图3-77所示。

18 将音效放在第二条消息出现的起始位置，并点击底部工具栏中的"复制"按钮🗗，将音效素材进行复制，如图3-78所示。

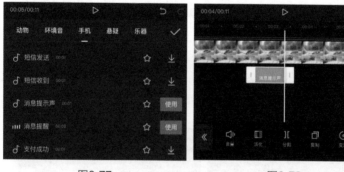

图3-77　　　　　　　　　　　　　　　图3-78

19 选中第二个音效素材，将它移动至第四条消息出现的起始位置，如图3-79所示。

20 选中聊天气泡视频素材，分别将时间线移动至每一段素材的结尾处，点击"定格"按钮🔳，如图3-80所示。

21 将画中画视频结尾处多余的部分进行分割并删除，与主视频结尾处保持一致，如图3-81所示。

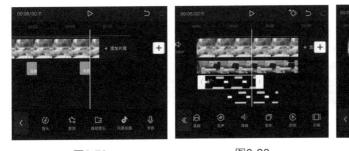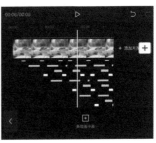

图3-79   图3-80   图3-81

22 至此，就完成了聊天消息"气泡"动画效果的制作。点击视频编辑界面右上角的 导出 按钮，将视频导出到手机相册。视频画面效果如图3-82所示。

图3-82

实战：
制作镂空开场字幕

本实例主要讲解制作视频镂空开场字幕的方法。这里所讲解的视频镂空开场字幕，是将文本素材与视频画面相结合，以动画效果和滤镜效果为辅助制作出的炫酷的镂空文字视频效果。

01 打开剪映，导入素材库中的"黑场"视频素材并将比例设置为9：16。

02 进入视频编辑界面后，点击底部工具栏的"文字"按钮 T 。

03 继续点击"新建文本"按钮 A+ ，输入"TODAY"，选择自己喜欢的样式，在预览区域使用双指放大视频画面，如图3-83所示。点击"动画"按钮 ▷ ，应用"循环动画"中的"弹幕滚动"效果，设置时长为3.0s，点击"确认"按钮 ✓ ，如图3-84所示。

图3-83 图3-84

04 把时间线拖动至第一个文本素材结尾处，继续点击"新建文本"按钮A+，输入"GIRL"，选择一个样式，在预览区域使用双指放大并将视频旋转90°，如图3-85所示。应用"循环动画"中的"闪烁"效果，设置时长为0.4s，点击"确认"按钮✓，如图3-86所示。

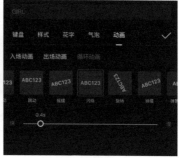

图3-85 图3-86

05 把时间线拖动至第二个文本素材结尾处，继续点击"新建文本"按钮A+，输入"CANDY"，选择一个样式，在预览区域使用双指放大并旋转视频，如图3-87所示。应用"循环动画"中的"字幕滚动"效果，设置时长为1.5s，点击"确认"按钮✓，如图3-88所示。·

图3-87 图3-88

06 文字素材全部输入完成之后，如图3-89所示，点击"导出"按钮 导出。

07 重新打开剪映，导入三张图片素材。点击"画中画"按钮 🔲，继续点击"新增画中画"按钮 ➕，将步骤6导出的文字视频添加进来，如图3-90所示。

图3-89   图3-90

08 点击"混合模式"按钮 🔲，选择"变暗"，点击"确认"按钮 ✓，然后导出视频，如图3-91所示。

09 重新打开剪映，导入三张图片素材。点击"画中画"按钮 🔲，将步骤8导出的视频添加至剪辑项目，如图3-92所示。

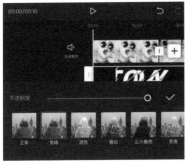

图3-91   图3-92

10 点击"混合模式"按钮 🔲，选择"滤色"效果，点击"确认"按钮 ✓，如图3-93所示。

11 在选中第一段视频素材的状态下，应用滤镜中的"日落橘"效果，如图3-94所示。

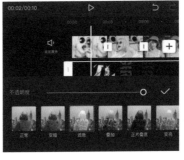
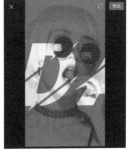

图3-93   图3-94

12 在选中第二段视频素材的状态下，应用滤镜中的"绝对红"效果，如图3-95所示。

13 在选中第三段视频素材的状态下，应用滤镜中的"落叶棕"效果，如图3-96所示。

14 返回到第一级底部工具栏，点击"音频"按钮♪→"音乐"按钮♩，添加一段自己喜欢的音乐，如图3-97所示。

图3-95　　　　　　图3-96　　　　　　图3-97

15 至此，就完成了镂空开场字幕动画效果的制作。点击视频编辑界面右上角的 导出 按钮，将视频导出到手机相册。视频画面效果如图3-98所示。

图3-98

实战：
打字机效果字幕

在看电影或电视剧时，会出现这样一种字幕效果，那就是在视频画面上的文字像打字一般逐个浮现，同时伴随着打字的背景音效。这种文字效果在剪映中可以轻松实现。在创建基本字幕后，为字幕素材添加相关动画效果，并添加背景音效，即可完成打字动画效果的制作。

01　打开剪映，在主界面点击"开始创作"按钮，进入素材添加界面，选择"春节"视频素材，点击"添加"按钮，将素材添加至剪辑项目。

02　进入视频编辑界面后，将时间线定位至起始位置，在未选中素材状态下，点击底部工具栏中的"文字"按钮，如图3-99所示。

03　打开文本选项栏，点击其中的"新建文本"按钮，如图3-100所示。

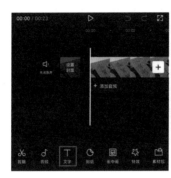
图3-99

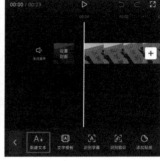
图3-100

04　弹出输入键盘，输入文字"春节是中国传统节日之一"，然后点击文本输入栏下方的"字体"选项，切换至字幕栏，在"字体"列表中点击"中黑体"，如图3-101所示。然后点击"样式"，进入"样式"列表，选择黑色描边样式，如图3-102所示。

05　在"样式"栏中，切换至"排列"设置栏，调整字间距为4，并在预览区域中将文字调整到合适的大小及位置，如图3-103所示，完成设置后点击按钮。

图3-101

图3-102

图3-103

06 完成上述操作后，创建的文本将自动添加到轨道区域，在文本素材选中状态下，点击底部工具栏中的"动画"按钮 ，如图3-104所示。

07 进入"动画"选项栏，在"入场动画"选项中选择"打字机Ⅰ"效果，并将动画时长延长至1.8s，如图3-105所示，完成后点击 按钮。

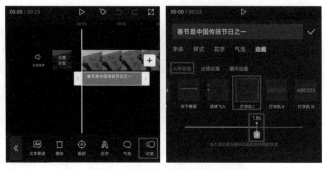

图3-104　　　　　　　　　　图3-105

08 返回第一级底部工具栏，将时间线定位至起始位置，在未选中素材状态下，点击底部工具栏中的"音频"按钮 →"音效"按钮 ，在音效列表中选择"机械"种类中的"打字声"音效，如图3-106和图3-107所示。

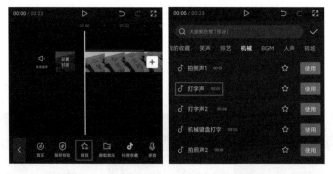

图3-106　　　　　　　　　　图3-107

09 至此，就完成了打字动画效果的制作。点击视频编辑界面右上角的 导出 按钮，将视频导出到手机相册。视频画面效果如图3-108～图3-110所示。

图3-108

图3-109

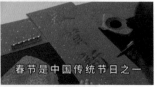
图3-110

第4章

音乐与音效：
声音和画面同样重要

一个完整的短视频，通常是由画面和音频这两个部分组成。视频中的音频可以是视频原声、后期录制的旁白，也可以是特殊音效或背景音乐。对于视频来说，音频是不可或缺的组成部分，原本普通的视频画面，只要配上调性明确的背景音乐，就会变得更加打动人心。

4.1　为视频添加音乐的必要性

　　如果没有音乐，只有动态画面，视频就会给人一种"干巴巴"的感觉。所以，为视频添加背景音乐是很多视频后期的必要操作。

　　利用音乐可以表现画面蕴含的情感。有的视频画面很平静、淡然，有的视频画面则很紧张。为了能够让视频的情绪更加强烈，让观众能更容易被视频的情绪所感染，音乐可以起到了至关重要的作用。

　　在剪映中有很多不同类型的音乐，比如"舒缓""轻快""可爱""伤心"等，即根据"情绪"进行分类，从而让剪辑人员可以根据视频的情绪，快速找到合适的背景音乐。

　　音乐节奏是剪辑节奏的重要参考。剪辑的一个重要作用就是控制不同画面出现的节奏。而音乐同样有节奏，当每一个画面转换的时间点均在音乐的节拍点，并且转换频率较快时，就是所谓的"音乐卡点"效果。

　　这里需要强调的是，即便不是为了特意制作"音乐卡点"效果，在画面转换时如果可以与音乐节拍匹配，也会让视频的节奏感更好。

4.2　善用剪映音乐素材库

　　在剪映中，用户可以自由地调用音乐素材库中提供的不同类型的音乐素材，且支持轨道叠加音乐。此外，剪映还支持用户将抖音等其他平台中的音乐添加至剪辑项目。

▶ 4.2.1　在音乐素材库中选择音乐

　　在轨道区域中，时间线定位至所需时间点，在未选中素材状态下，点击"添加音频"选项，或点击底部工具栏中的"音频"按钮♪，然后在打开的音频选项栏中点击"音乐"按钮♪，如图4-1和图4-2所示。

图4-1

图4-2

完成上述操作后，将进入剪映音乐素材库，如图4-3所示。剪映音乐素材库中对音乐进行了细致的分类，用户可以根据音乐类型来快速挑选适合自己影片基调的背景音乐。

在音乐素材库中，点击任意一个音乐，即可对音乐进行试听。此外，通过点击音乐素材右侧的功能按钮，可以对音乐素材进行进一步操作，如图4-4所示。

图4-3　　　　　　　　　　图4-4

音乐素材功能按钮说明如下。

➤ 收藏音乐 ☆：点击该按钮，可将音乐添加至音乐素材库的"我的收藏"中，方便下次使用。

➤ 下载音乐 ↓：点击该按钮，可以下载音乐，下载完成后会自动进行音乐播放。

➤ 使用音乐 使用：在完成音乐的下载后，将出现该按钮，点击该按钮即可将音乐添加到剪辑项目中，如图4-5所示。

图4-5

4.2.2　添加抖音平台热门音乐

作为一款与抖音直接关联的短视频剪辑软件，剪映支持用户在剪辑项目中添加抖音中的音乐。在进行该操作前，大家需在剪映主界面中切换至"我的"选项栏，登录自己的抖音账号。通过这一操作，剪映就与抖音建立了账户连接，之后用户在抖音中收藏的音乐就可以直接在剪映的"抖音收藏"中找到并进行调用，如图4-6所示。

图4-6

实战：
调用抖音中收藏的音乐

01 打开抖音，进入主界面后点击右上角的 🔍 按钮，如图4-7所示。接着，在搜索栏中输入"美好清晨"，完成搜索后，切换至"音乐"选项，点击图4-8所示音乐。

02 在打开的音乐界面中，点击"收藏"按钮，如图4-9所示，完成操作后退出抖音。

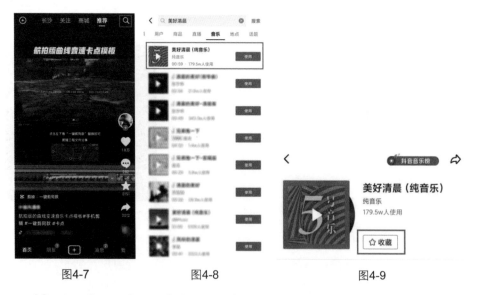

图4-7　　　　　　　图4-8　　　　　　　图4-9

03 进入剪映，导入"清晨"视频素材。进入视频编辑界面后，在未选中素材的状态下，将时间线定位至视频起始位置，然后点击底部工具栏中的"音频"按钮 ♫，如图4-10所示。

04 在音频选项栏中点击"抖音收藏"按钮♪，如图4-11所示，进入音乐素材库后，在其中可以看到刚刚在抖音中收藏的音乐，如图4-12所示。

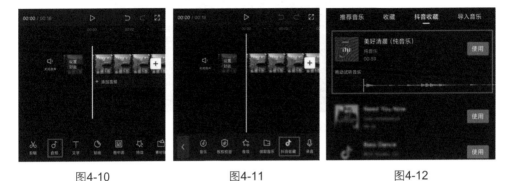

图4-10　　　　　　　图4-11　　　　　　　图4-12

提示：如果想在剪映中将"抖音收藏"中的音乐素材删除，只需要在抖音中取消该音乐的收藏即可。

05 点击音乐右侧的 使用 按钮，即可将音乐素材添加至剪辑项目，如图4-13所示。

06 将时间定位至视频素材的末端，在轨道区域中选择音乐素材，然后点击底部工具栏中的"分割"按钮Ⅱ，如图4-14所示。

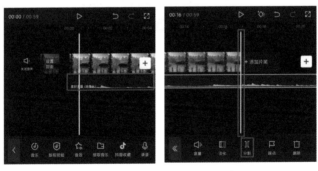

图4-13　　　　　　　图4-14

07 完成素材的分割后，选择时间线后的素材，点击底部工具栏中的"删除"按钮🗑，如图4-15所示，将时间线后多余的素材删除。

08 在轨道区域中选择音乐素材，点击底部工具栏中的"淡化"按钮▥，进入淡化选项栏，设置"淡入时长"和"淡出时长"为0.5s，如图4-16所示。完成后点击✓按钮，至此就完成了背景音乐的添加操作。

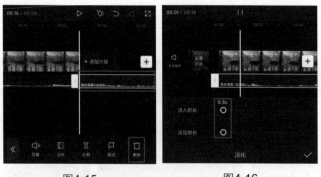

图4-15　　　　　　　　　图4-16

▶ 4.2.3　导入本地音乐

在剪映音乐素材库中，切换至"导入音乐"选项栏，然后在选项栏中点击"本地音乐"，可以对本地下载的音乐进行调取，如图4-17所示。

图4-17

> 提示：苹果手机用户在剪映中使用本地音乐前，需通过iTunes从电脑导入音乐并同步至手机。

▶ 4.2.4　提取视频中的音乐

剪映支持用户对本地相册中拍摄和存储的视频进行音乐提取操作，简单来说就是将其他视频中的音乐提取出来并单独应用到剪辑项目中。

提取视频音乐的方法非常简单，在音乐素材库中，切换至"导入音乐"选项栏，然后在选项栏中点击"提取音乐"，接着点击"去提取视频中的音乐"按钮，如图4-18所示，在打开的素材界面中选择带有音乐的视频，然后点击"仅导入视频的声音"按钮，如图4-19所示。

图4-18 图4-19

完成上述操作后，视频中的背景音乐将被提取导入至音乐素材库，如图4-20所示。如果要将导入素材库中的音乐素材删除，长按音乐素材，即可出现"删除"选项，如图4-21所示。

除了可以在音乐素材库中进行视频音乐提取操作外，用户还可以选择在视频编辑界面中完成音乐提取操作。在未选中素材状态下，点击底部工具栏中的"音频"按钮 🎵，然后在打开的音频选项栏中点击"提取音乐"按钮 📁，如图4-22所示，即可进行视频音乐的提取操作。

图4-20 图4-21 图4-22

提示：用户可以从抖音中下载视频，然后在剪映中对视频的音乐进行提取。

▶ 4.2.5 添加音效素材

在轨道区域中，时间线定位至需要添加音效的时间点，在未选中素材状态下，点击"添加音频"选项，或点击底部工具栏中的"音频"按钮 ♪，然后在打开的音频选项栏中点击"音效"按钮 ⭐，如图4-23和图4-24所示。

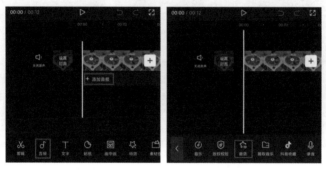

| 图4-23 | 图4-24 |

上述操作完成后，即可打开音效选项栏，如图4-25所示，可以看到其中提供的综艺、笑声、机械、游戏、魔法、打斗、动物等不同类型的音效。添加音效素材的方法与添加音乐的方法一致，点击音效素材右侧的 使用 按钮，即可将音效添加至剪辑项目，如图4-26所示。

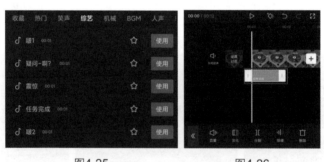

| 图4-25 | 图4-26 |

实战：
为视频添加音效

在收看综艺节目时，相信大家看到过在屏幕上跳出的花字，并且在跳出的过程中会伴随着滑稽的音效，这种综艺效果往往能给观众营造一种轻松、愉悦的观看体验。下面就为大家讲解在剪映中为视频添加这种综艺效果的操作方法。

01 打开剪映，在主界面点击"开始创作"按钮＋，进入素材添加界面，选择"猫"视频素材，点击"添加"按钮，将素材添加至剪辑项目。

02 进入视频编辑界面，将轨道区域适当放大，然后将时间线定位至3s位置，在未选中素材的状态下，点击底部工具栏中的"文字"按钮T，如图4-27所示。

03 在打开的文本选项栏中，点击"新建文本"按钮A+，如图4-28所示。

 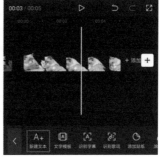

图4-27　　　　　　　　　图4-28

04 弹出输入键盘，输入文字，然后切换至"花字"选项栏，选择图4-29所示花字样式应用到剪辑项目中，完成后点击✓按钮。

05 在预览区域中，将文字调整到合适的大小及位置，并进行适当旋转，如图4-30所示。

图4-29　　　　　　　　　图4-30

06 在文本素材选中状态下，点击底部工具栏中的"动画"按钮◐，进入动画选项栏，在"入场动画"选项中选择"放大"效果，并将动画时长延长至0.6s，如图

4-31所示，完成后点击✅按钮。

07 将时间线定位至3s位置，在未选中素材的状态，点击底部工具栏中的"音频"按钮♪→"音效"按钮☆，如图4-32所示。

08 在音效列表中选择"综艺"类型中的"啵1"音效，如图4-33所示。

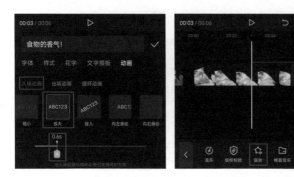

| 图4-31 | 图4-32 | 图4-33 |

09 将时间线定位至5s位置，在未选中素材状态下，点击底部工具栏中的"文字"按钮Ｔ，打开文本选项栏，选中文本素材，点击底部工具栏中的"分割"按钮▌，如图4-34所示。

10 完成素材的分割后，选择时间线后方的文本素材，点击底部工具栏中的"删除"按钮🗑，如图4-35所示，将多余部分删除。

11 选择文本素材，点击底部工具栏中的"复制"按钮🗐，将文本素材复制一层，并将其起始位置调整至3s（20帧）位置，如图4-36所示。

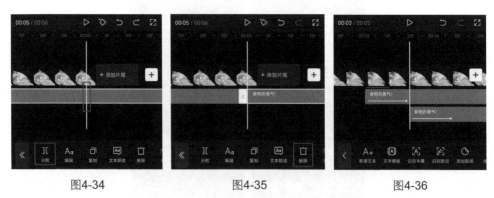

| 图4-34 | 图4-35 | 图4-36 |

12 选择复制的文本素材，在预览区域中调整其位置，并对文字内容进行修改，如图4-37所示。

13 选择复制的文本素材，按住素材尾端的▯，向左拖动使素材尾端与上方的文本素材尾端对齐，如图4-38所示。

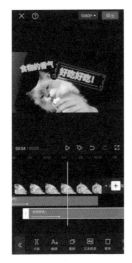

图4-37 图4-38

14 将时间线定位至3s（20帧）位置，在未选中素材的状态下，点击底部工具栏中的"音频"按钮 🎵 →"音效"按钮 🔊 ，如图4-39所示。

15 在音效列表中选择"综艺"类型中的"啵1"音效，如图4-40所示。

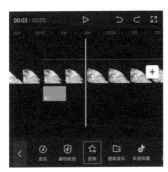

图4-39 图4-40

16 完成所有操作后，点击视频编辑界面右上角的 导出 按钮，将视频导出到手机相册。视频效果如图4-41和图4-42所示。

图4-41 图4-42

75

4.3　音频素材的基本操作

剪映为用户提供了较为完备的音频处理功能，支持用户在剪辑项目中对音频素材进行音量调整、音频淡化处理、复制音频和降噪处理。

▶ 4.3.1　分割音频素材

通过"分割"操作可以将一个音频素材分割为多段，然后实现对素材的重组和删除等操作。在轨道区域中，选择音频素材，然后将时间线定位至需要进行分割的时间点，接着点击底部工具栏中的"分割"按钮▋，此时音频素材就会被一分为二，如图4-43和图4-44所示。

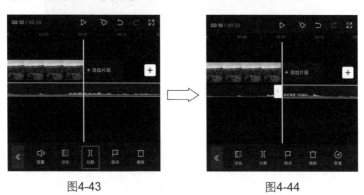

图4-43　　　　　　　　　　　图4-44

▶ 4.3.2　复制与删除音频

若用户需要对某一个音频素材进行重复利用，则可以选中音频素材进行复制操作。复制音频的方法与复制视频的方法一致，在轨道区域中选择需要复制的音频素材，然后点击底部工具栏中的"复制"按钮▣，即可得到一段同样的音频素材，如图4-45和图4-46所示。

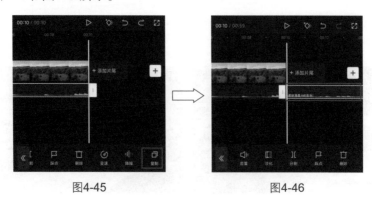

图4-45　　　　　　　　　　　图4-46

　　提示：复制的音频素材一般会自动衔接在原音频素材的后方，若原音频素材
的后方位置被占用，复制的音频素材则会自动分布到新的轨道，但始终衔接在原
音频素材的后方。用户可以根据实际需求自行调整音频素材的摆放顺序。

　　在剪辑项目中添加音频素材后，如果发现音频素材的持续时间过长，则可以
先对音频素材进行分割，再选中多余的部分进行删除。删除音频的操作非常简
单，即在轨道区域中选择需要删除的音频素材，然后点击底部工具栏中的"删
除"按钮▢，即可将选中的音频素材删除，如图4-47和图4-48所示。

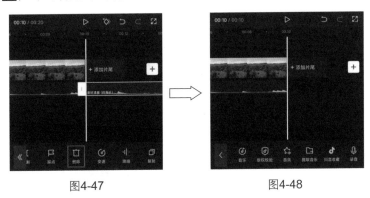

| 图4-47 | 图4-48 |

4.3.3　音频的淡入和淡出

　　对于一些没有前奏和尾声的音乐，在素材的前后添加淡化效果，可以有效降
低音乐进出场时的突兀感；而在两个衔接音频之间加入淡化效果，则可以令音频
之间的过渡更加自然。

　　在轨道区域中选择音频素材，点击底部工具栏中的"淡化"按钮▥，在打开
的淡化选项栏中，可以自行设置音频的淡入时长和淡出时长，如图4-49和图4-50
所示。

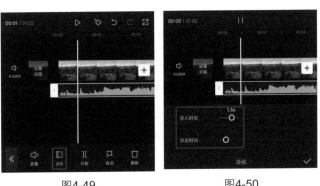

| 图4-49 | 图4-50 |

实战：为音频设置淡入与淡出效果

音乐对于视频来说往往能起到"画龙点睛"的作用，大家在剪辑项目中添加音乐素材后，为了使背景音乐更加融入剪辑项目且不产生突兀感，为音乐素材设置淡入及淡出效果就显得很有必要了。

01 打开剪映，在主界面点击"开始创作"按钮⊞，进入素材添加界面，选择"黄昏"视频素材，点击"添加"按钮，将素材添加至剪辑项目。

02 进入视频编辑界面后，将时间线定位至素材的起始位置，在未选中素材的状态下，点击底部工具栏中的"特效"按钮★，如图4-51所示。

03 在打开的特效选项栏中，选择"边框"选项中的

图4-51　　　　　　　　图4-52

"手绘拍摄器"，如图4-52所示，完成后点击✓按钮。

04 选择边框素材，按住素材尾端的▯向右拖动，使其尾端与视频素材尾端对齐，如图4-53所示。

05 在未选中素材的状态下，将时间线定位至视频起始位置，然后点击底部工具栏中的"音频"按钮♪，进入音频选项栏后，点击"音乐"按钮，进入剪映音乐素材库，在音乐分类中点击"治愈"选项，如图4-54所示。

图4-53　　　　　　　　图4-54

06 进入音乐选择列表，选择合适的背景音乐，点击音乐右侧的 使用 按钮，将音乐素材添加至剪辑项目，如图4-55和图4-56所示。

07 将时间线定位至视频素材的尾端，然后选择音乐素材，点击底部工具栏中的"分割"按钮 ，如图4-57所示。

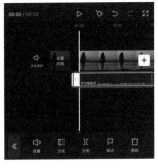

图4-55　　　　　　图4-56

08 完成素材的分割后，选择时间线后方的音乐素材，点击底部工具栏中的"删除"按钮 ，如图4-58所示，将多余部分删除。

09 在轨道区域中选择剩余音频素材，点击底部工具栏中的"淡化"按钮 ，如图4-59所示。

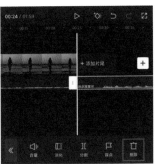
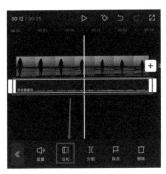

图4-57　　　　　图4-58　　　　　图4-59

10 打开淡化选项栏，调整"淡入时长"为3s，并调整"淡出时长"为3s，如图4-60所示，完成后点击 按钮。

11 此时，在轨道区域的预览区可以看到音乐素材的起始位置和结束位置出现了淡化效果，如图4-61所示。

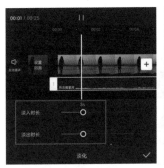

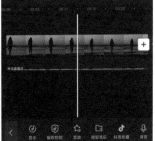

图4-60　　　　　图4-61

12 完成所有操作后，点击视频编辑界面右上角的 导出 按钮，将视频导出到手机相册。视频效果如图4-62所示。

图4-62

▶ 4.3.4 使用降噪功能

在日常拍摄时，由于环境因素的影响，拍摄的短片或多或少会夹杂着一些噪声，非常影响观看体验。剪映为用户提供了视频降噪功能，可以方便用户去除音频中的各类杂音、噪声等，从而有效地提升音频的质量。

在轨道区域中选中需要进行降噪处理的视频素材，然后点击底部工具栏中的"降噪"按钮 ，如图4-63所示。此时在打开的降噪选项栏中，降噪开关为关闭状态，点击开关按钮将降噪功能打开，剪映将自动进行视频降噪处理，如图4-64所示。

完成降噪处理后，"降噪开关"变为开启状态，点击右下角的 按钮，保存降噪操作，如图4-65所示。需要注意的是，剪映中的"降噪"功能仅适用于视频素材。

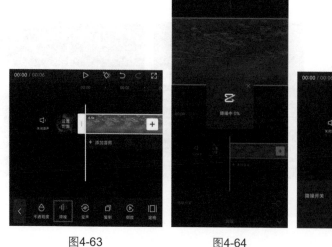

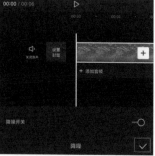

图4-63　　　　　　　图4-64　　　　　　　图4-65

▶ 4.3.5 对音频进行静音处理

在剪映中实现视频静音的方法有以下3种。

（1）关闭视频原声

当用户在剪辑项目中导入带有声音的视频素材后，在轨道区域中点击"关闭原声"按钮◁×，即可实现视频静音，如图4-66所示。

（2）音量调整

选中素材后，点击"音量"按钮◁»，将音量滑块拖至最左侧，使音量数值变为0，即可实现静音，如图4-67和图4-68所示。

图4-66

图4-67

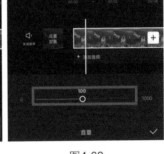

图4-68

（3）删除音频素材

在轨道区域中选择音频素材，然后点击底部工具栏中的"删除"按钮▢，将音频素材删除后，则可以达到静音的目的。需要注意的是，该方法不适用于自带声音的视频素材，如图4-69所示。

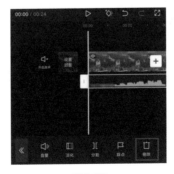

图4-69

如果想删除视频自带的声音，则可以选中视频素材，然后点击底部工具栏中的"音频分离"按钮，视频与音频分离后，删除音频即可，如图4-70和图4-71所示。

图4-70

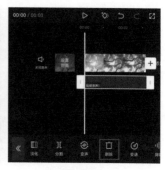

图4-71

4.4 音频素材的进阶操作

除了背景音乐与音效，有时还需要语音效果对视频进行辅助表达。剪映不但具备配音功能，还能对语音进行变声，从而制作出有趣的视频。同时，剪映还具有为音频打上节拍点的功能，利用好这个功能，能使制作卡点视频更加容易且高效。

▶ 4.4.1 录制音频素材

通过剪映中的"录音"功能，用户可以实时在剪辑项目中完成旁白的录制和编辑工作。在使用剪映录制旁白前，最好连接上麦克风，有条件的话可以配备专业的录制设备，能有效地提升声音质量。

在剪辑项目中开始录音前，先在轨道区域中将时间线定位至音频开始的时间点，然后在未选中素材状态下，点击底部工具栏中的"音频"按钮♪，在打开的音频选项栏中点击"录音"按钮🎤，如图4-72所示，在打开的选项栏中，按住红色"按住录音"按钮录音，如图4-73所示。

图4-72

图4-73

在按住"按住录音"按钮的同时，轨道区域将同时生成音频素材，如图4-74所示，此时用户可以根据视频内容录入相应的旁白。完成录制后，释放"按住录音"按钮即可停止录音。点击右下角的✓按钮，保存音频素材，之后便可以对音频素材进行音量调整、淡化、分割等操作，如图4-75所示。

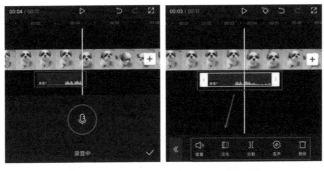

图4-74   图4-75

在录制时，可能会由于口型不匹配，或环境干扰造成音效不自然，因此应尽量选择安静、没有回音的环境进行录制工作。在录音时，嘴巴需与麦克风保持一定的距离，可以尝试用打湿的纸巾将麦克风包裹住，防止喷麦。

4.4.2 使用变声功能

熟悉直播领域的读者应该知道，很多平台主播为了增长直播人气，会使用变声软件在直播里进行变声处理，搞怪的声音配上幽默的话语，时常能引得观众捧腹大笑。

对视频原声进行变声处理，在一定程度上可以强化人物的情绪。对于一些趣味性视频来说，音频变声可以很好地放大这类视频的幽默感。

在使用"录音"功能完成旁白的录制后，在轨道区域中选择音频素材，点击底部工具栏中的"变声"按钮，如图4-76所示，在打开的变声选项栏中，可以根据实际需求选择声音效果，如图4-77所示。

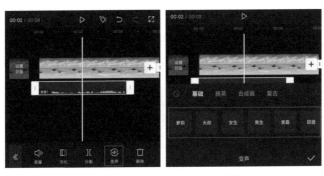

图4-76   图4-77

实战：
制作趣味变声视频

对音频进行加速处理往往能获得不错的趣味效果，进而增强视频的趣味性。下面带领读者学习对短视频音频进行变速处理的操作方法。

01 打开剪映，在主界面点击"开始创作"按钮，进入素材添加界面，选择"搞笑片段"视频素材，点击"添加"按钮，将素材添加至剪辑项目，如图4-78所示。

02 在选中视频素材的状态下，点击底部工具栏中的"音频分离"按钮，获得"视频原声1"，如图4-79所示。

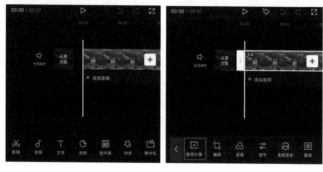

图4-78   图4-79

03 选中"视频原声1"，点击底部工具栏中的"变速"按钮，如图4-80所示，在打开的变速选项栏中将音频播放速度调至1.5倍并点选"声音变调"，如图4-81所示。

04 选择视频，按住素材尾端，向左拖动，使其尾端与音频素材尾端对齐，如图4-82所示。

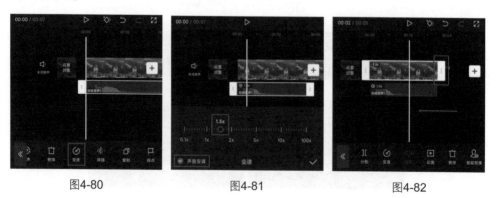

图4-80   图4-81   图4-82

05 完成所有操作后，点击视频编辑界面右上角的 导出 按钮，将视频导出到手机相册。

4.4.3 音频素材的卡点操作

音乐卡点视频是如今各大短视频平台上一种比较热门的视频玩法，通过后期处理，将视频画面的每一次转换与音乐鼓点相匹配，整个画面将变得节奏感极强。

以往在使用视频剪辑软件制作卡点视频时，往往需要用户一边试听音频效果，一边手动标记节奏点，是一项既费时又费精力的事情，因此制作卡点视频让许多新手创作者望而却步。如今，剪映这款全能型的短视频剪辑软件，针对新手用户推出了特色"踩点"功能，不仅支持用户手动标记节奏点，还能帮用户快速分析背景音乐，自动生成节奏标记点。

利用剪映制作音乐卡点视频的方式一般有两种，分别是手动踩点与自动踩点。

（1）音乐手动踩点

在轨道区域中添加音乐素材后，选中音乐素材，点击底部工具栏中的"踩点"按钮 🚩，如图4-83所示。在打开的踩点选项栏中，将时间线定位至需要进行标记的时间点，然后点击"添加点"，如图4-84所示。

 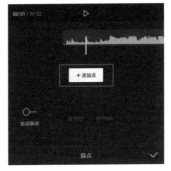

图4-83　　　　　　　　　　图4-84

完成上述操作后，即可在时间线所处位置添加一个黄色的标记，如图4-85所示，如果对添加的标记不满意，点击"删除点"按钮即可将标记删除。

标记点添加完成后，点击 ✅ 保存操作，此时在轨道区域中可以看到刚刚添加的标记点，如图4-86所示，根据标记点所处位置可以轻松地对视频进行剪辑，完成音乐卡点视频的制作。

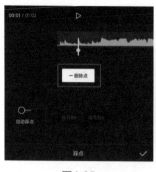 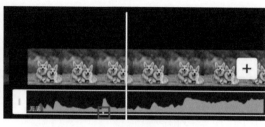

图4-85   图4-86

（2）音乐自动踩点

剪映为用户提供了音乐自动踩点功能，一键设置即可在音乐素材上自动标记节奏点，并可以按照个人喜好选择踩节拍或踩旋律模式，让作品节奏感爆棚。相较于手动踩点来说，自动踩点功能更加方便、高效和准确，因此建议大家使用自动踩点的方式来制作卡点视频。

在轨道区域中选择音乐素材，然后点击底部工具栏中的"踩点"按钮，如图4-87所示，打开踩点选项栏后，点击"自动踩点"按钮，将自动踩点功能打开，此时可以根据需求选择"踩节拍Ⅰ"或"踩节拍Ⅱ"，如图4-88所示，"踩节拍Ⅰ"相较于"踩节拍Ⅱ"节奏会更平缓。

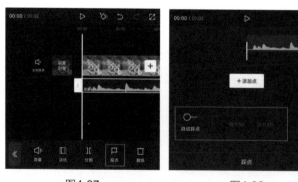

图4-87   图4-88

完成上述操作后，即可自动在音乐素材上标记节奏点，然后点击✓保存操作，此时在轨道区域中可以看到刚刚添加的标记点。根据标记点所处位置可以轻松地对视频进行剪辑，完成卡点视频的制作。

实战：制作音乐卡点视频

下面将通过手动踩点来制作一个简单的音乐卡点视频。在进行手动踩点前，大家尽可能多储备一些视频或图像素材，在剪映中完成节奏点的标记后，根据标记点的数量来添加相应数量的素材。下面演示利用手动踩点制作卡点视频。

01　打开抖音，进入主界面后点击右上角的$\boxed{Q}$，在搜索栏中输入音乐名称"man on a mission"（身具使命的人）进行搜索，切换至"音乐"选项，点击图4-89所示音乐。

02　在打开的音乐界面中，点击"收藏"按钮，如图4-90所示，完成操作后退出抖音。

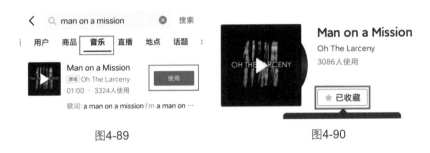

图4-89　　　　　　　　　　　　　　　图4-90

03　打开剪映，在主界面点击"开始创作"按钮$\boxed{+}$，进入素材添加界面，选择"花"视频素材，点击"添加"按钮。

04　进入视频编辑界面后，在未选中素材的状态下，将时间线定位至视频起始位置，然后点击底部工具栏中的"音频"按钮♪，如图4-91所示。

05　进入音频选项栏后，点击"抖音收藏"按钮♫，如图4-92所示。

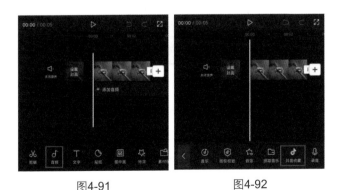

图4-91　　　　　　　　　　　　図4-92

06 在音乐素材库中的"抖音收藏"选项栏中，可以看到刚刚在抖音中收藏的音乐，点击该音乐右侧的 使用 ，将音乐素材添加至剪辑项目，如图4-93和图4-94所示。

图4-93   图4-94

07 在轨道区域中选择音乐素材，然后点击底部工具栏中的"踩点"按钮 ，如图4-95所示。

08 打开踩点选项栏，为了便于观察，将素材轨道最大化。接着，点击 预览音乐，在2s位置点击"添加点"按钮，添加一个节奏点标记，如图4-96所示。

09 用同样的方法，继续根据音乐节奏添加六个节奏点标记，如图4-97所示，完成后点击 。

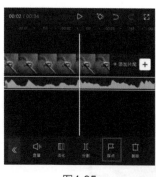
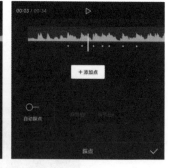

图4-95   图4-96   图4-97

10 将时间线定位至音乐素材的第一个标记点位置，然后选择视频素材，按住素材尾端的 ，向左拖动至时间线停留处，如图4-98所示。

11 在轨道区域中点击 按钮，进入素材添加界面，依次选择"01"~"05"5张图像素材后，点击"添加"按钮。进入视频编辑界面后，可以看到选择的素材依次排列在轨道区域中，如图4-99所示。

12 将轨道区域适当放大，便于观察音乐素材上的标记点。接着，选择"01"图像素材，按住素材尾端的▯，向左拖动至音频素材的第2个标记点位置，此时素材的持续时长将缩短为1s，如图4-100所示。

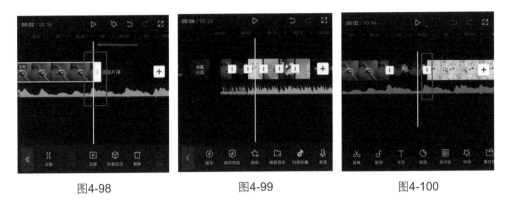

图4-98　　　　　　　　图4-99　　　　　　　　图4-100

13 选择"02"图像素材，按住素材尾端的▯，向左拖动至音频素材的第3个标记点位置，如图4-101所示。

14 用上述同样的方法，对剩余的图像素材进行调整，使后续素材的尾端与相应的标记点对齐，如图4-102所示。

15 将时间线定位至"05"图像素材的尾端，选择音乐素材，点击底部工具栏中的"分割"按钮▮▮，如图4-103所示。

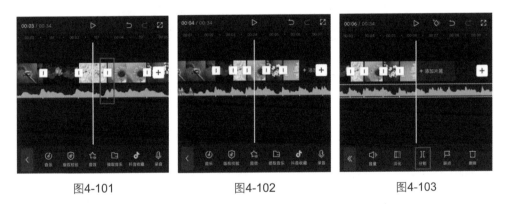

图4-101　　　　　　　　图4-102　　　　　　　　图4-103

16 完成素材的分割后，选择时间线后方的音乐素材，点击底部工具栏中的"删除"按钮▯，如图4-104所示，将多余部分删除。

17 在轨道区域中选择"01"图像素材，点击底部工具栏中的"动画"按钮▶，进入动画选项栏后点击"入场动画"按钮⊡，如图4-105和图4-106所示。

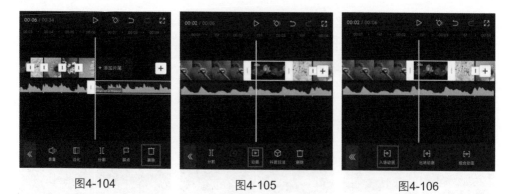

| 图4-104 | 图4-105 | 图4-106 |

18 在打开的入场动画选项栏中，选择"向右甩入"效果，如图4-107所示。

19 选中"02"图像素材，然后在入场动画选项栏中继续选择"向右甩入"效果，如图4-108所示。用同样的方法，对剩余的3张图像素材应用"向右甩入"效果，完成后点击✅。

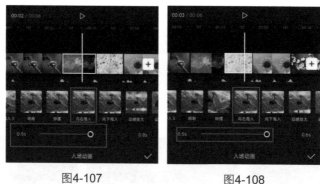

| 图4-107 | 图4-108 |

20 完成所有操作后，点击视频编辑界面右上角的 导出 ，将视频导出到手机相册。视频效果如图4-109～图4-111所示。

| 图4-109 | 图4-110 | 图4-111 |

第5章

特效与转场：
打造酷炫效果的秘密

　　当下短视频行业，不论是在视频制作体量、覆盖人群还是播放量上，都足以媲美电视节目和视频网站，俨然已成为内容领域的第三极。优质的短视频除了要做到内容上的丰富和创新，更重要的是后期制作要过关。

　　在前面的章节中，已经带领大家学习了短视频的基本剪辑、画面调色、转场添加和音频设置等操作，通过这些操作基本可以完成一个比较完整的短视频作品了。在此基础上，如果想让自己的作品更加引人注目，不妨尝试在画面中添加特效动画等装饰元素，在增加视频完整性的同时，还能为视频增添不少的趣味性。

5.1 剪映视频特效的应用

5.1.1 特效对于视频的意义

运用好特效对视频有以下3个益处。

（1）利用特效突出画面重点

一个视频中往往会有几个画面需要重点突出，比如运动视频中最精彩的动作，或是带货视频中展示产品时的画面。单独为这个部分添加特效后，可以使之与其他部分在视觉效果上产生强烈的对比，从而起到突出视频中关键画面的作用。

（2）利用特效营造画面氛围

对于一些需要突出情绪的视频而言，与情绪匹配的画面氛围至关重要。而一些场景在前期拍摄时可能没有条件去营造适合表达情绪的环境，那么通过后期增加特效来营造环境氛围则成为一种有效替代方案。

（3）利用特效强调画面节奏感

让画面形成良好的节奏可以说是后期剪辑最重要的目的之一。那些比较短促，具有爆发力的特效，可以让画面的节奏感更突出。利用特效来突出节奏感还有一个好处，就是可以让画面在发生变化时更具有观赏性。

5.1.2 添加特效的方式

下面介绍利用剪映添加特效的方式。

在未选中素材的状态下，点击界面下方的"特效"按钮。剪映按效果不同，将特效分成了不同类别，有"画面特效" 和"人物特效" 两大类，如图5-1所示。大类下又分为许多小类，如图5-2和图5-3所示。点击其中一个类别，即可从中选择相应的具体特效。

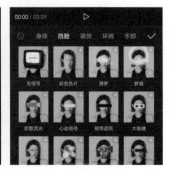

图5-1 　　　　　　　　　图5-2 　　　　　　　　　图5-3

在选择了一种特效以后，预览区域会自动播放添加此特效后的效果。此处
选择"动感"分类下的"定格闪烁"特效，如图5-4所示，在轨道区域便出现
了"定格闪烁"特效的轨道。按住该轨道，即可调节其位置；选中该轨道，拉动
左侧或右侧的▯，即可调节特效的作用范围，如图5-5所示。如果需要继续增加
其他特效，在不选中任何特效的情况下，重新选择分类然后选择特效添加就可
以了。

图5-4 　　　　　　　　　图5-5

实战：
利用特效营造小清新漏光氛围

为了营造"小清新漏光氛围"，需要为视频添加白边并辅以特效和音乐，具
体操作如下。

01 导入准备好的素材至剪映，如果素材不够，可以在导入素材界面点击右上
角的"素材库"按钮，并在"空镜头"分类下选择，其中有不少适合"小清新"类
视频的片段，如图5-6所示。

02 依次点击界面下方的"音频"按钮♪和"音乐"按钮⊙，并在搜索栏中搜
索"blue"，选择如图5-7所示红框中的音乐。

03 选中"音乐"素材，点击界面下方的"踩点"按钮▣，在弹出的界面中打
开左下角"自动踩点"功能，点击"踩节拍Ⅰ"按钮，如图5-8所示。

图5-6 　　　　　　　　图5-7 　　　　　　　　图5-8

04 由于本例中使用的部分素材是有声音的，所以当素材声音与背景音乐混合在一起后，就会让观者感觉有些嘈杂，因此点击时间线左侧的"关闭原声"，将素材自带的声音关闭，如图5-9所示。

05 制作画面上下两端的白色边框。依次点击界面下方的"画中画"按钮▣和"新增画中画"按钮＋，选择"素材库"，添加"白场1"素材，如图5-10所示。

06 将"白场1"素材放大，并向下移动，使其边缘出现在画面下方，从而完成"下边框"的制作，如图5-11所示。

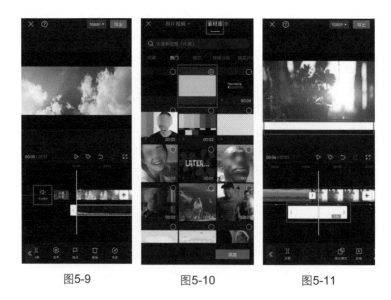

图5-9 　　　　　　　　图5-10 　　　　　　　　图5-11

07 采用同样的方法，点击界面下方的"新增画中画"按钮🔲，添加"白场2"
素材，放大并向上拖动制作"上边框"。分别选中"白场1"与"白场2"素材，将
其时长拉长至覆盖整个视频。这样，上下白边就会始终出现在画面中了，如图5-12
所示。

08 选中第一段视频片段，将其结尾与第一个节奏点对齐。以此类推，将每一
段素材末尾均与相应的节奏点对齐，如图5-13所示。

09 点击界面下方的"特效"按钮✨，选择"光"分类下的"胶片漏光"效
果，如图5-14所示。

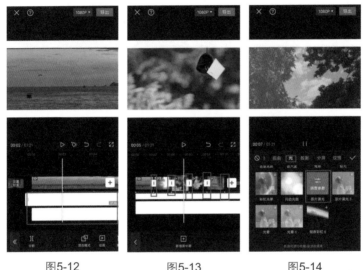

图5-12　　　　　　图5-13　　　　　　图5-14

10 将时间线移至"胶片漏光"效果亮度最高的时间点，选中该特效，拖动右
侧▯至时间线，如图5-15所示。此步的目的是让"胶片漏光"特效在最亮的时候结
束，与之后的转场特效衔接，从而让画面的转换更自然。

11 由于需要与转场效果衔接，所以"胶片漏光"特效的末尾与节奏点对齐，
如图5-16所示。

12 选中该特效，点击界面下方的"复制"按钮🔲，将特效移至每一段素材的
下方，结尾与相应节奏点对齐，如图5-17所示。

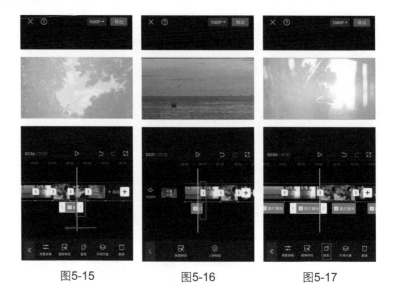

图5-15　　　　　　　图5-16　　　　　　　图5-17

13　点击片段衔接处的□，为其添加转场效果，让"胶片漏光"效果出现后的画面变化更自然，如图5-18所示。

14　选择"特效转场"分类下的"炫光"效果，并将转场时长设置为0.5s，点击界面左下角"全局应用"按钮🔲，如图5-19所示。

15　在添加转场效果后，画面的转化变成了一个过程，所以需要微调片段长度，使节奏点与转场效果中间位置对齐，从而维持之前的"踩点"效果，如图5-20所示。

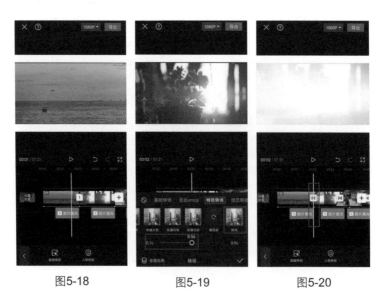

图5-18　　　　　　　图5-19　　　　　　　图5-20

16 在微调片段长度时，如果出现部分素材时长不够，无法使转场效果中间位置与节奏点对齐的情况，则需要依次点击界面下方的"变速"按钮◉和"常规变速"按钮⊾，适当降低播放速度，如图5-21所示。

17 由于此时视频时长已经最终确定，所以将时间线移至"音频"素材末尾，使其稍稍比视频轨道短一点。选中"音频"素材，点击界面下方的"分割"按钮Ⅱ，并将后半段的音频删除，如图5-22所示。这样可以避免出现只有声音而没有画面的情况。而用于形成上下"白色边框"的白场素材的时长则调整至与主视频轨道末端对齐。

18 点击界面下方的"贴纸"按钮◷，如图5-23所示。

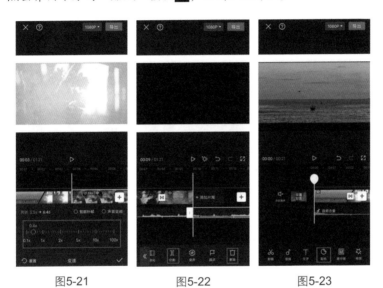

图5-21　　　　　图5-22　　　　　图5-23

19 选择"夏日"分类下的贴纸，这不仅与视频主题吻合，还能够营造文艺气息，如图5-24所示。

20 选中贴纸轨道，即可调整贴纸的大小和位置。将贴纸轨道末端与节奏点对齐，从而在"胶片漏光"亮度最高时让其自然消失，如图5-25所示。

21 选中贴纸轨道，点击界面下方的"动画"按钮▶，为其添加"入场动画"分类下的"放大"效果，并适当延长"动画时长"，如图5-26所示。

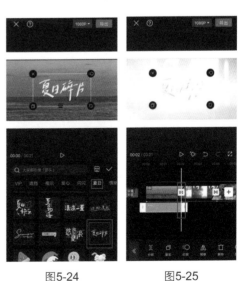

图5-24　　　　　图5-25

97

22 为了让开场更加自然，所以点击界面下方的"特效"按钮⭐，添加"基础"分类下的"模糊"效果，并将其首尾分别与视频开头和第一个节奏点对齐，如图5-27所示。

23 在不选中任何素材的状态下，点击界面下方的"新增滤镜"按钮⊗，添加"室内"分类下的"潘多拉"滤镜，然后让滤镜轨道覆盖整个视频，如图5-28所示。

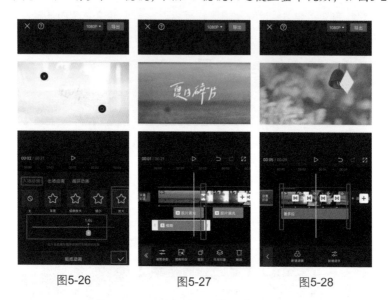

图5-26　　　　　　图5-27　　　　　　图5-28

24 完成所有操作后，点击视频编辑界面右上角的按钮 导出 ，将视频导出到手机相册。视频效果如图5-29和图5-30所示。

图5-29　　　　　　　　　　　　图5-30

▶ 5.1.3　关键帧的创建与应用

在视频中添加关键帧能实现视频画面的匀速变化，进而使视频更具变化与创意。用户可以选中视频素材后点击界面上方的按钮◈添加关键帧，如图5-31所示。

图5-31

下面简单应用关键帧实现推镜头。

首先将视频定位于0s的位置，点击添加关键帧，然后定位于视频末尾将画面放大，放大的同时会自动添加关键帧。完成后点击播放，视频便会在0～10s间匀速放大，如图5-32～图5-34所示。活用关键帧能制作出许多具有创意的视频。

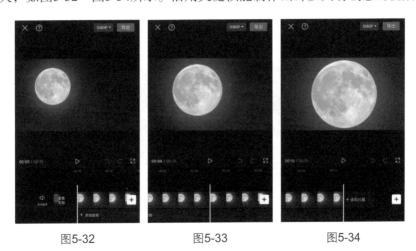

图5-32   图5-33   图5-34

实战：
创建关键帧动画效果

不少优秀的作品都是运用关键帧为用户提供了一场"视觉盛宴"，下面演示使用关键帧制作具有国画韵味的"山峰白头"视频。

01 打开剪映，在主界面点击"开始创作"按钮，进入素材添加界面，选择"山"视频素材，点击"添加"按钮，将素材添加至剪辑项目。

02 在未选中素材的状态下点击"画中画"按钮，选择"新增画中画"导入与上一步相同的素材，并将新增素材拉伸至覆盖原素材，如图5-35和图5-36所示。

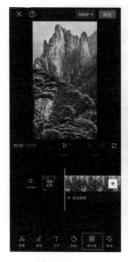
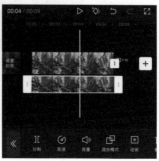

图5-35　　　　　　　　　　　　图5-36

03　选中新增素材，点击下方选项栏中的"滤镜"按钮，如图5-37所示，在弹出的界面中选择图5-38所示效果，然后点击保存。

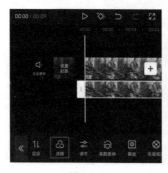

图5-37　　　　　　　　　　　　图5-38

04　选中新增素材，点击"调节"按钮，将"光感"调至40，"亮度"调至5，如图5-39～图5-41所示。

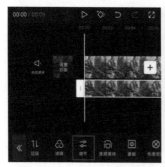

图5-39　　　　　　　　图5-40　　　　　　　　图5-41

05 选中新增素材，点击"蒙版"按钮 ◙，选择"线性"蒙版，按住画像中间的
⦙，往下滑动增加羽化效果，如图5-42和图5-43所示。

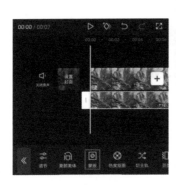
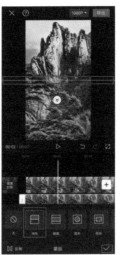

图5-42 图5-43

06 定位至视频起始处，将黄线移至顶端后按 ◇ 添加关键帧，如图5-44所示。
随后定位至视频4s的位置，将黄线移至底端，并添加关键帧，如图5-45所示。

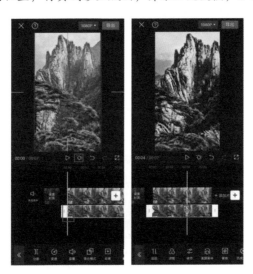

图5-44 图5-45

07 在未选中素材的状态下，点击"特效"按钮 ✦，如图5-46所示，打开画面
特效选项栏，点击类别栏中的"自然"，在列表中选择图5-47所示特效，完成后点
击 ✓ 按钮保存。

08 选择"大雪纷飞"素材，按住素材尾部的 █，向右拖动将素材延长，使其与"山"视频素材的长度保持一致，如图5-48所示。

图5-46　　　　　　　　　　图5-47　　　　　　　　　　图5-48

09 选择"大雪纷飞"素材，点击下方选项栏中的"作用对象"按钮 █，并将作用对象设置为"画中画"，如图5-49和图5-50所示。

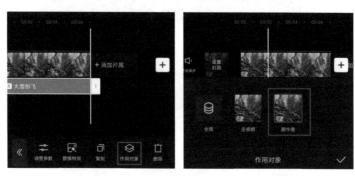

图5-49　　　　　　　　　　图5-50

10 至此，就完成了制作关键帧视频的操作。点击视频编辑界面右上角的 █ 按钮，将视频导出到手机相册。视频画面效果如图5-51和图5-52所示。

图5-51　　　　　　　　　　图5-52

提示：除了案例中的动画效果之外，关键帧还有非常多的应用方式。比如，利用关键帧结合视频画面的放大与缩小，可以实现拉镜、推镜的效果；关键帧结合音轨，可以实现任意阶段音量的渐变效果；关键帧结合滤镜，可以实现渐变色的效果等。总之，关键帧是剪映中非常实用的工具，充分挖掘可以实现更多的创意效果。

5.1.4　剪映"画中画"功能

通过"画中画"功能可以让一个视频画面中出现多个不同的画面，这是该功能最直接的利用方式。但"画中画"功能更重要的作用在于可以形成多条视频轨道，利用多条视频轨道，

图5-53

可以使多个素材出现在同一画面。比如在平时观看视频时，可能会看到有些视频将画面分为好几个区域，或者划出一些不太规则的地方来播放其他视频，这在一些教学分析、游戏讲解类视频中非常常见，如图5-53所示。灵活使用"画中画"功能，可以使观众更容易理解视频的内容。

添加"画中画"的方法很简单：首先为剪映添加一个视频素材，然后在未选中素材的状态下点击界面下方选项栏中的"画中画"按钮 ，如图5-54所示，点击弹出窗口的"新增画中画"，选中需要的素材后点击"添加"，即可为视频添加"画中画"，如图5-55所示。

如果时间线穿过多个画中画轨道层，画面就有可能产生遮挡，部分视频素材的画面会无法显示，如

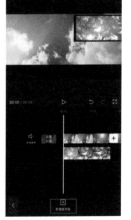

图5-54　　　　　　　图5-55

图5-56所示。

在剪映中有层级的概念，其中主视频轨道为0级，每多一条画中画轨道就会多一个层级。图5-56中有两条画中画轨道，分别为1级和2级。它们之间的覆盖关系是层数值大的轨道覆盖层数值小的轨道。也就是1级覆盖0级，2级覆盖1级和0级，以此类推。此时，选中一条画中画轨道，点击界面下方的"层级"按钮，即可设置该轨道的层级，如图5-57所示。

剪映默认处于下方的视频轨道会覆盖处于上方的视频轨道。但由于画中画轨道可以设置层级，所以如果选中位于中间的画中画，并将其层级从1级改为2级，那么中间轨道的画面则会同时覆盖主视频轨道与最下方画中画轨道的画面，如图5-58所示。

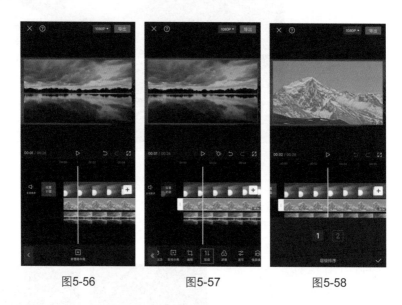

图5-56   图5-57   图5-58

实战：
使用"画中画"功能制作穿越效果视频

熟练运用"画中画"功能能制作出非常酷炫的镜头。下面为读者演示使用"画中画"功能制作穿越效果视频。

01 打开剪映，在主界面点击"开始创作"按钮，进入素材添加界面，选择需要的"人像"视频素材，点击"添加"按钮，将素材添加至剪辑项目。

02 在未选择素材的状态下，点击底部工具栏的"画中画"按钮，在出现的选项栏中选择"新增画中画"，选择导入"绿幕"视频素材并拉伸至覆盖原素材，如图5-59和图5-60所示。

图5-59 图5-60

03 选中"绿幕"素材，点击下方工具栏中的"色度抠图"按钮，随后点击"取色器"按钮并选取绿色，如图5-61和图5-62所示，完成后在"色度抠图"选项栏中将"强度"设置为80，"阴影"设置为10，如图5-63所示，完成后点击✓保存。

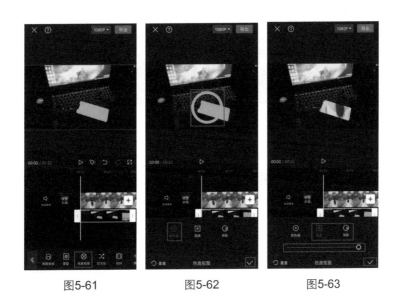

图5-61 图5-62 图5-63

04 完成所有操作后，点击视频编辑界面右上角的 导出 按钮，将视频导出到手机相册。视频效果如图5-64~图5-66所示。

图5-64

图5-65

图5-66

▶ 5.1.5　使用变速功能

在制作短视频时，经常需要对素材片段进行一些变速处理。使用一些快节奏音乐搭配快速镜头，可以使视频变得更加动感，让观众情不自禁地跟随画面和音乐摇摆；使用慢镜头搭配节奏轻缓的音乐，可以使视频的节奏也变得舒缓，让人心情放松。

在剪映中，素材的播放速度是可以自由调节的，通过调节可以将视频片段的速度加快或变慢。在轨道中选中一段正常播放的视频片段，然后在底部工具栏中点击"变速" ⊙ 按钮，如图5-67所示，此时可以看到底部工具栏中出现"常规变速"和"曲线变速"两个变速选项，如图5-68所示。

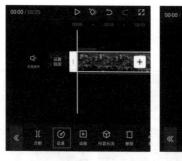

图5-67　　　　　　　　　　图5-68

（1）常规变速

点击"常规变速"按钮 ∟ ，可打开对应的变速选项栏。一般情况下，视频素材的原始倍速为1×，拖动变速按钮可以调整视频的播放速度。当倍速大于1×时，视频的播放速度变快；当倍速小于1×时，视频的播放速度变慢。

当用户拖动变速按钮时，上方会显示当前视频的时间，并且视频素材的左上角会显示倍速，如图5-69所示。完成变速调整后，点击右下角的按钮，即可实现视频变速。

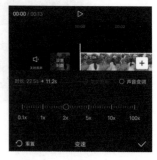

图5-69

（2）曲线变速

点击"曲线变速"按钮，可打开对应的变速
选项栏，在"曲线变速"选项栏中罗列了不同的曲
线变速选项，包括原始、自定、蒙太奇、英雄时
刻、子弹时间、跳接、闪进和闪出等。

在"曲线变速"选项栏中，点击除"原始"选
项外的任意一个变速曲线选项，可以实现预览变速
的效果。以"蒙太奇"为例，点击该选项按钮，预
览区域会自动展示变速效果，此时可以看到"蒙太
奇"选项按钮变成红色状态，如图5-70所示。

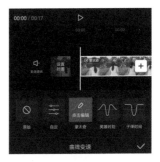

图5-70

实战：
制作曲线变速视频

本实例主要讲解制作曲线变速无缝转场视频的方法。这里所讲解的效果视
频，需要将视频画面与曲线变速功能相结合，配合音乐节奏点调整曲线，制作出
视频画面与音乐完美融合的效果。

01 打开剪映，在主界面点击"开始创作"按钮，进入素材添加界面，选中
准备好的7段视频素材，将素材添加至剪辑项目。

02 点击"音频"按钮，在音乐库中选择一段或从外部导入一段背景音乐添
加到剪辑项目中。为了方便后面调节曲线变速，视频素材的总时长需要比音频素材
时长长，如图5-71所示。

03 在选中音频素材的状态下，点击底部工具栏的"踩点"按钮，弹出界面如
图5-72所示，每一段视频素材的原时长可参考曲线变速调节界面左上角的数值来设置。

图5-71

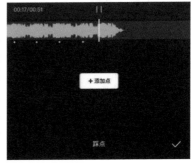

图5-72

04 返回到第一级底部工具栏，选中主轨第一段视频素材，点击底部工具栏的"变速"按钮⊚，继续点击"曲线变速"按钮⧉，选择"自定"，将视频配合音乐节奏添加变速点，调节完成后的视频结尾处与节奏点的位置是一致的，如图5-73所示。

05 选中主轨第一段素材，在视频接近结尾处添加一个关键帧，把时间线移动至结尾处，再添加一个关键帧，如图5-74所示。

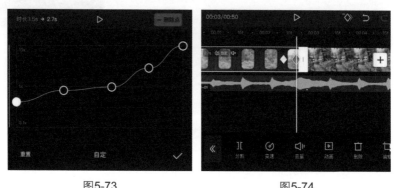

图5-73　　　　　　　　　　　　图5-74

06 将时间线移动至第二个关键帧处，在预览区域使用双指放大画面至只显示窗外的画面，如图5-75和图5-76所示。

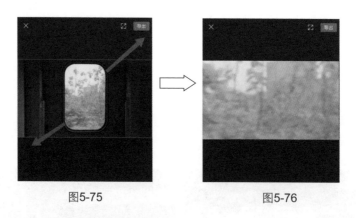

图5-75　　　　　　　　　　　　图5-76

07 点击主轨第一段视频素材与第二段视频素材连接处的"转场"按钮[|]，应用"运镜转场"中的"推近"效果，将时长设置为0.3s，如图5-77所示。

08 返回到第一级底部工具栏，选中主轨第二段视频素材，点击底部工具栏的"变速"按钮⊚，继续点击"曲线变速"按钮⧉，选择"自定"，将点分别移动至图5-78所示的位置。

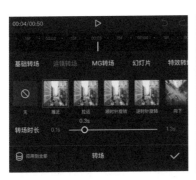
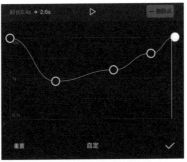

| 图5-77 | 图5-78 |

09 选中第三段视频素材，点击底部工具栏的"变速"按钮，继续点击"曲线变速"按钮，选择"自定"，将点分别移动至图5-79所示的位置。

10 在选中第三段视频素材的状态下，点击底部工具栏中"动画"按钮，应用"入场动画"中的"向上转入"效果，将时长设置为0.3s，点击"确认"按钮，如图5-80所示。

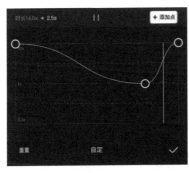
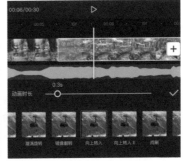

| 图5-79 | 图5-80 |

11 返回到第一级底部工具栏，选中第四段视频素材，在"曲线变速"中选择"自定"，将点分别移动至图5-81所示的位置。选中第五段视频素材，在"曲线变速"中选择"自定"，将点分别移动至图5-82所示的位置。

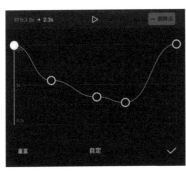
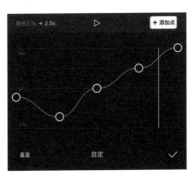

| 图5-81 | 图5-82 |

12 返回到第一级底部工具栏，在选中第四段视频素材的状态下，点击底部工具栏中"动画"按钮▶，应用"入场动画"中的"向右甩入"效果，将时长设置为0.5s，点击"确认"按钮✓，如图5-83所示。

13 选中第五段素材，点击底部工具栏中"动画"按钮▶，应用"入场动画"中的"向上转入Ⅱ"效果，将时长设置为0.4s，如所图5-84示。

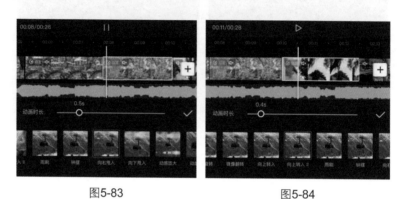

图5-83　　　　　　　　　　　　图5-84

14 返回到第一级底部工具栏，选中第六段视频素材，在"曲线变速"中选择"子弹时间"，将点分别移动至图5-85所示的位置。选中第七段视频素材，在"曲线变速"中选择"自定"，将点分别移动至图5-86所示的位置。

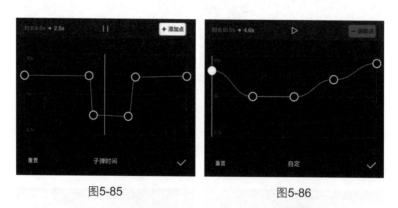

图5-85　　　　　　　　　　　　图5-86

15 选中第六段素材，点击底部工具栏中"动画"按钮▶，应用"入场动画"中的"动感放大"效果，将时长设置为0.3s，如图5-87所示。

16 选中第七段素材，点击底部工具栏中"动画"按钮▶，应用"组合动画"中的"形变右缩"效果，将时长设置为2.2s，如图5-88所示。

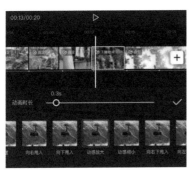
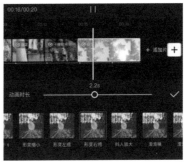

图5-87   图5-88

17 点击底部工具栏中的"特效"按钮，在"基础"中选择"开幕"效果，将它添加至视频的起始位置，如图5-89所示。

18 点击"文字"按钮**T**，继续点击"新建文本"按钮**A+**，输入文字"旅行日记"，选择自己喜欢的样式后将文本素材放在画面的中心位置，如图5-90所示。

图5-89   图5-90

19 完成所有操作后，点击视频编辑界面右上角的 导出 按钮，将视频导出到手机相册。视频效果如图5-91所示。

图5-91

111

▶ 5.1.6 定格视频画面

通过剪映中的"定格"功能，可以帮助用户将一段视频素材中的某一帧画面提取出来，并使其成为一段可以单独进行处理的图像素材。

画面定格的操作非常简单，例如在剪辑项目中，确定以视频素材的第4秒画面为定格画面，只需将时间线定位至4s位置，如图5-92所示，点击"剪辑"按钮，然后点击"定格"按钮，便可以将当前帧的画面提取出来，如图5-93所示。剪映中画面定格时长默认为3s，用户也可以自行调整其时长，如图5-94所示为调整时长为2s后的素材效果。

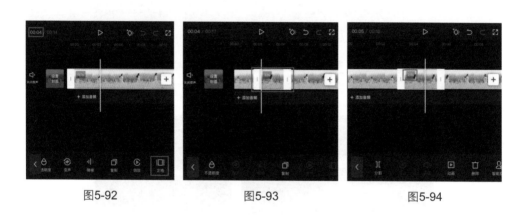

| 图5-92 | 图5-93 | 图5-94 |

实战：
制作定格动画视频

熟练运用"定格"功能能制作出非常酷炫的镜头。下面为大家演示使用"定格"功能制作漫画式人物出场介绍视频。

01 打开剪映，在主界面点击"开始创作"按钮，进入素材添加界面，选择需要的"人像"视频素材，点击"添加"按钮，将素材添加至剪辑项目。

02 将时间线定位至5s的位置，选中"人像"，点击下方选项栏中的"定格"按钮，得到"定格动画"素材，如图5-95所示。选中定格动画后面的视频，点击下方选项栏中的"删除"按钮，如图5-96所示。

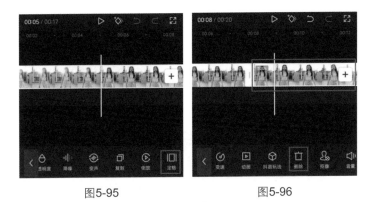

图5-95 图5-96

03 将时间线定位至5s处，在未选中素材的状态下，点击底部工具栏的"画中画"按钮 ，如图5-97所示，在出现的选项栏中选择"新增画中画" ，选择导入背景视频素材并放大至覆盖原素材，如图5-98所示。

04 按住"人像"尾端 ，向左拖动，与"背景"素材尾端一致，如图5-99所示。

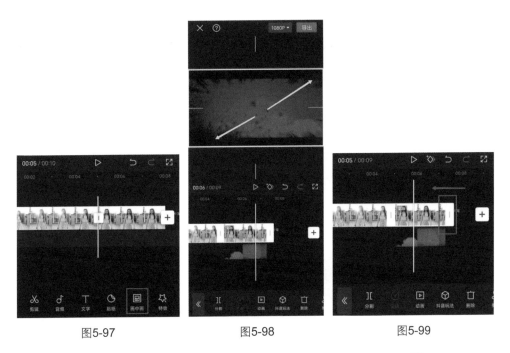

图5-97 图5-98 图5-99

05 选中背景，点击界面下方选项栏中的"混合模式"按钮 ，选择"变暗"，如图5-100和图5-101所示。

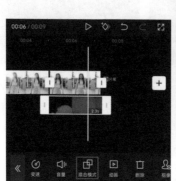

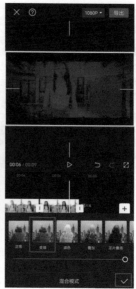

图5-100　　　　　　　　　图5-101

06 选中"定格动画"，点击界面下方选项栏中的"抖音玩法"按钮，选择"漫画写真"，如图5-102所示，点击保存后，点击"复制"按钮，得到"定格动画02"素材，如图5-103所示。

图5-102

图5-103

07 选中"定格动画02"，点击界面下方选项栏中的"切画中画"按钮，如图5-104所示。按住"定格动画02"，拖动其与"背景"首尾一致，如图5-105所示。

图5-104

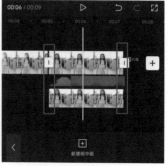

图5-105

114

08 选中"定格动画02"，点击界面下方选项栏中的"抠像"按钮 ⚬，选择"智能抠像" ⚬，如图5-106所示，效果如图5-107所示。

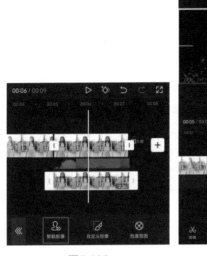

图5-106   图5-107

09 将时间线定位至5s处，在未选中素材的状态下，点击"文字"按钮 Ｔ，选择"新建文本" A+，如图5-108和图5-109所示。

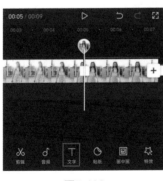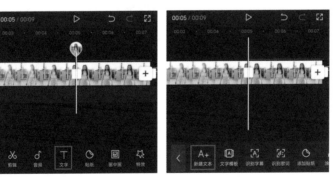

图5-108   图5-109

10 在文本输入框输入"舞者"，并将其字体设置为"书法"分类下的"霸燃手书"，如图5-110所示。

11 选中文本素材，点击下方选项栏中的"动画"按钮 ⚬，如图5-111所示，选择"入场动画"中的"向右集合"，调整入场时间为0.5s。设置好入场动画后，在预览区域拖动其至合适的位置，如图5-112所示。

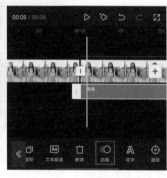

图5-110　　　　　　　　　　　图5-111　　　　　　　　　　　图5-112

12　完成所有操作后，点击视频编辑界面右上角的 导出 按钮，将视频导出到手机相册。视频效果如图5-113和图5-114所示。

图5-113　　　　　　　　　　　　　　　　图5-114

5.2　图形蒙版的添加与应用

蒙版，也可以称为"遮罩"。在剪映中，使用蒙版功能可以轻松地遮挡部分画面或显示部分画面，是视频编辑处理时非常实用的一项功能。剪映为用户提供了几种不同形状的蒙版，如线性、镜面、圆形、爱心和星形等，这些形状的蒙版可以作用于固定的范围。如果用户想让画面中的某个部分以几何图形的状态在另一个画面中显示，则可以使用蒙版功能来实现这一操作。

▶ 5.2.1 使用"蒙版"与"画中画"调整显示区域

当画中画轨道中的各轨道均不重叠时，所有画面就都能完整显示。可一旦出现重叠，有些画面就会被完全遮挡。利用"蒙版"功能，就可以选择哪些区域被遮挡，哪些区域不被遮挡。

点击底部工具栏中的"蒙版"按钮◙，如图5-115所示，在打开的蒙版选项栏中，可以看到不同形状的蒙版选项，如图5-116所示。

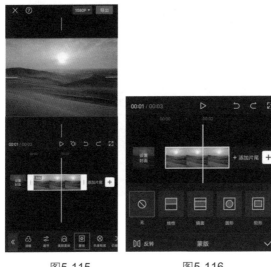

图5-115 图5-116

在选项栏中点击某一形状的蒙版，并点击右下角的✓按钮，即可将所选蒙版应用到所选素材中，如图5-117和图5-118所示。

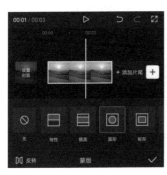
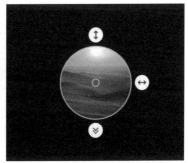

图5-117 图5-118

在选择蒙版后，用户可以在预览区域中对蒙版进行移动、缩放和旋转等基本调整操作。需要注意的是，不同形状的蒙版所对应的调整参数会有些许不同。下面就以"圆形"蒙版为例进行讲解。

在蒙版选项栏中选择"圆形"蒙版后，在预览区域中可以看到添加蒙版后的画面效果，同时蒙版的周围分布了几个功能按钮，如图5-119所示。

在预览区域中按住蒙版进行拖动，可以对蒙版的位置进行调整，此时蒙版的作用区域也会发生变化，如图5-120所示。

图5-119   图5-120

在预览区域中，两指朝相反方向滑动，可以将蒙版放大，如图5-121所示；两指朝同一点聚拢，则可以将蒙版进行缩小，如图5-122所示。

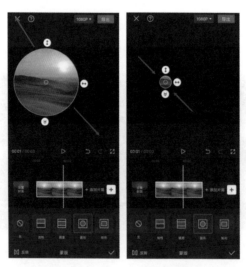

图5-121   图5-122

此外，矩形蒙版和圆形蒙版支持用户在垂直或水平方向上对蒙版的大小进行调整。在预览区域中，按住蒙版旁的 ↕ 按钮，可以对蒙版进行垂直方向上的缩放，如图5-123所示；若按住蒙版旁的 ↔ 按钮，则可以对蒙版进行水平方向上的缩放，如图5-124所示。

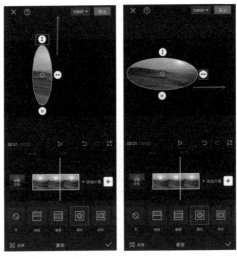

图5-123　　　　　　　　图5-124

实战：
利用蒙版制作特效短视频

很多特效视频在短视频平台很常见，也很受欢迎。在剪映中，用户利用蒙版就可以制作出好看的个性化特效视频，比如非常炫酷的城市灯光秀。

01　打开剪映，在主界面点击"开始创作"按钮 ，进入素材添加界面，选择一个"城市夜景"背景素材，点击"添加"按钮。

02　点击底部工具栏中的"音频"按钮 ，点击"音乐"按钮 ，进入剪映音乐素材库后，选择一首卡点的音乐，然后点击"使用"按钮 ，如图5-125所示。

03　在轨道区域中，选中"城市夜景"素材，然后按住素材尾端的 ，将其拉至音乐的结尾处，使其和音频轨道对齐，如图5-126所示。

04　选中"城市夜景"素材，在底部工具栏中点

图5-125

图5-126

击"滤镜"按钮，选择黑白类别中的"默片"效果，然后点击右下角的✓按钮保存操作，如图5-127所示。

05 点击底部工具栏中的"复制"按钮，此时，轨道区域中将会出现一段一模一样的素材，衔接在原素材的后方，将其命名为"城市夜景02"，如图5-128所示。

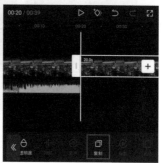

图5-127　　　　　　　　图5-128

06 选中"城市夜景02"素材，在底部工具栏中点击"滤镜"按钮，然后点击滤镜选项栏右上角的按钮去除默片效果，如图5-129所示，完成操作后，点击右下角的✓按钮保存操作，然后点击底部工具栏中的"切画中画"按钮，如图5-130所示。

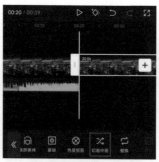
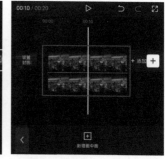

图5-129　　　　　　图5-130　　　　　　图5-131

07 在轨道区域中，将"城市夜景02"素材移动至主轨道下方，与主轨道平齐，如图5-131所示。

08 选中音乐素材，在底部工具栏中点击"踩点"按钮，选择"自动踩点"，然后点击"踩节拍Ⅰ"，完成操作后，点击右下角的✓按钮保存操作，可以看到轨道区域中的音乐素材上出现了黄色的标记点，如图5-132所示。

09　选中"城市夜景02"素材，根据音乐素材上的标记对素材进行分割，如图5-133所示。

10　选中分割好的素材，点击底部工具栏中的"蒙版"按钮▣，选中需要的蒙版形状，对切割好的素材进行调整，控制需要亮灯的建筑，如图5-134所示。

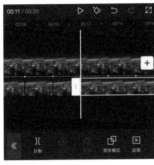

图5-132　　　　　　　　　　　图5-133　　　　　　　　　　图5-134

11　完成所有操作后，点击视频编辑界面右上角的 导出 按钮，将视频导出到手机相册。视频效果如图5-135和图5-136所示。

图5-135　　　　　　　　　　　　　　　图5-136

▶ 5.2.2　旋转蒙版

在剪映中，除了可以调整蒙版的位置和大小，还可以对蒙版进行任意角度的旋转，具体的操作方法如下。

在轨道中选中添加了蒙版的素材，然后在预览区域中，通过双指旋转操控完成蒙版的旋转，双指的旋转方向即为画面的旋转方向，如图5-137和图5-138所示。

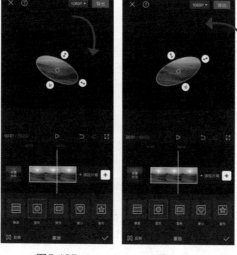

图5-137　　　　　　图5-138

实战：
制作炫酷转场视频

本实例主要讲解制作渐变擦除转场视频。这里所讲解的效果视频，需要将视频画面与蒙版工具相结合，以达到视频画面渐变擦除的转场效果。

01　打开剪映，导入"01"视频素材。

02　点击底部工具栏中的"画中画"按钮回，继续点击"新增画中画"➕，将"02"视频素材导入到剪辑项目中，并将"02"移动至"01"的中间位置，如图5-139所示。

03　选中画中画素材，在视频开头处添加一个关键帧，再点击"蒙版"按钮◎，使用"线性"蒙版，如图5-140和图5-141所示。

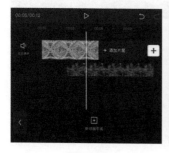
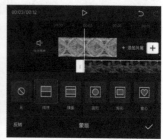

图5-139　　　　　　图5-140　　　　　　图5-141

04 在预览区域移动羽化按钮适当羽化边缘，使用双指旋转"线性"蒙版，如图5-142所示。

05 移动"线性"蒙版至看不到"02"素材为止，如图5-143所示。

06 将时间线移动至"01"结尾处，点击底部工具栏中的"蒙版"按钮◎，在预览区域拖动"线性"蒙版至看不到"01"为止，此时画中画素材会自动增加一个关键帧，如图5-144所示。

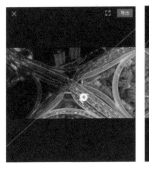
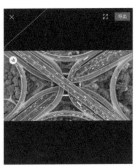
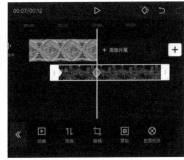

图5-142　　　　　　　　图5-143　　　　　　　　图5-144

07 返回到剪辑主界面，点击"画中画"按钮▣，继续点击"新增画中画"➕，将"03"视频素材导入到剪辑项目中，并将"03"移至"02"的中后位置，如图5-145所示。

08 选中"03"视频素材，点击"蒙版"按钮◎，使用"镜面"蒙版，如图5-146所示，在预览区域使用双指缩放"镜面"蒙版至看不到第三段视频素材为止。按住羽化按钮，适当羽化边缘，如图5-147所示。

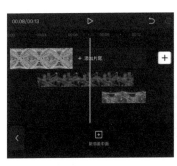
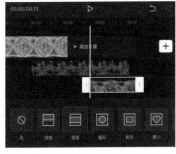
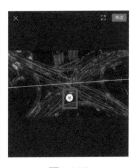

图5-145　　　　　　　　图5-146　　　　　　　　图5-147

09 选中"03"视频素材，分别在开头和结尾添加一个关键帧，如图5-148所示

10 将时间线移动至第三段视频素材的第二个关键帧处，在预览区域使用双指

放大"镜面"蒙版至看不到"02"视频素材为止，如图5-149所示。

11 返回到剪辑主界面，点击"音乐"按钮 ♪ ，在音乐库中选择一段自己喜欢的背景音乐，继续点击"淡化"按钮 ▐▌ ，将淡入时长设置为1s，淡出时长设置为1.5s，如图5-150所示。

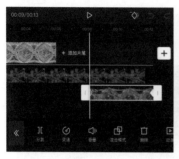
图5-148

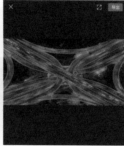
图5-149

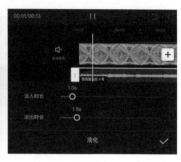
图5-150

12 在没有选中任何素材的状态下，点击"特效"按钮 ✿ ，选择"基础"中的"录像机"效果，如图5-151所示。继续点击"特效"按钮 ✿ ，选择"基础"中的"色差"效果，如图5-152所示。

13 将步骤12的两个效果持续时间设置为与视频素材的时长一致，如图5-153所示。

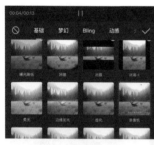
图5-151

图5-152

图5-153

14 完成所有操作后，点击视频编辑界面右上角的"导出"按钮 导出 ，将视频导出到手机相册。打开手机相册查看短视频的画面效果，如图5-154所示。

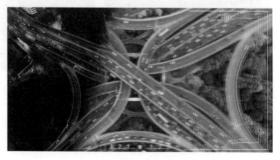
图5-154

▶ 5.2.3 蒙版羽化与反转

在蒙版选项栏中，选择任意形状的蒙版添加至画面中后，在预览区域中按住
◙按钮进行拖动，可以对蒙版的边缘进行羽化处理。通过羽化操作，可以使蒙版
生硬的边缘变得更加柔和、自然，如图5-155和图5-156所示。

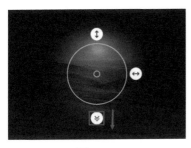

图5-155

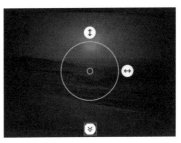

图5-156

在剪映中添加"图形"蒙版后，用户可以对蒙版进行反转操作，以改变蒙版
的作用区域。反转蒙版的操作非常简单，在蒙版选项栏中选择形状后，点击左下
角的"反转"按钮▣，蒙版的作用区域即发生改变，如图5-157和图5-158所示。

图5-157　　　　图5-158

5.3　转场特效的应用

视频转场也称为视频过渡或视频切换，使用转场效果可以使一个场景平缓且

自然地转换到下一个场景，同时可以极大地增加影片的艺术感染力。在进行视频剪辑时，利用转场可以改变视角，推进故事的发展，避免两个镜头之间产生突兀的跳动。

　　一个合适的转场效果，可以令镜头之间的衔接更流畅、更自然。并且，不同的转场效果有其特别的视觉语言，从而传达出不同的信息。另外，部分转场效果还能形成特殊的视觉效果，让视频更吸引人。

5.3.1 为画面添加动画效果

　　剪映为用户提供了丰富的视频处理方法，对画面施加动画特效，能使视频素材切换更加丝滑，视频内容更具变化。通过这样的处理方式，不仅可以增强视频的趣味性，还可以形成鲜明的个人特色。短视频动画特效有以下三种，如图5-159所示。

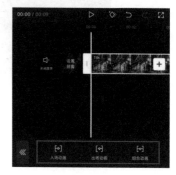

图5-159

　　（1）入场动画

　　入场动画指视频素材出现时伴随的特效。好的入场动画能使视频素材的出现不突兀，使视频观感更加丝滑。剪映的入场动画非常多，比如"渐显""轻微放大""放大"等，如图5-160所示。

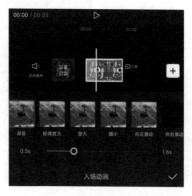

图5-160

　　（2）出场动画

　　出场动画与入场动画相反，是用于视频素材消失时的特效。它在保持视频观感的同时能自然衔接下一段视频素材。常见的出场动画特效有"渐隐""缩小""向左滑动"等，如图5-161所示。

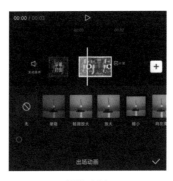

图5-161

（3）组合动画

组合动画与前两种不同，其一般作用于整个视频素材，使视频的观感更加绚丽。组合动画具有更加华丽且多变的特效，常见的有"拉伸扭曲""缩小弹动""波动滑出"等，如图5-162所示。

选好想要的动画特效后，可以拖拉界面下方的数值滑块对动画效果的持续时间进行调整，如图5-163所示，调整好后点击☑️按钮保存特效。

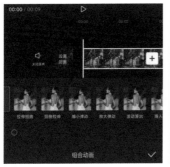

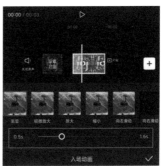

图5-162   图5-163

用户在视频中添加特效后，再次进入特效选择界面，点击"无"按钮，则可以删除已经添加的视频特效，如图5-164所示。

图5-164

▶ 5.3.2 常用的转场类别

剪映拥有丰富的转场特效，点击素材之间的转场按钮□便可以为素材之间自由添加转场特效。下面便简单介绍剪映具有的转场特效。

（1）基础转场

"基础转场"类别中包含了叠化、闪黑、闪白、色彩溶解、滑动和擦除等转场效果。这一类转场效果主要是通过平缓的叠化、推移运动来实现两个画面的切换。图5-165～图5-167所示为"基础转场"类别中"滑动"效果的展示。

图5-165　　　　　　　　　图5-166　　　　　　　　　图5-167

（2）运镜转场

"运镜转场"类别中包含了推近、拉远、顺时针旋转、逆时针旋转等转场效果。这一类转场效果在切换过程中，会产生回弹感和运动模糊效果。图5-168～图5-170所示为"运镜转场"类别中"拉远"效果的展示。

图5-168　　　　　　　　　图5-169　　　　　　　　　图5-170

（3）特效转场

"特效转场"类别中包含了故障、放射、马赛克、动漫火焰、炫光等转场效果。这一类转场效果主要是通过火焰、光斑、射线等炫酷的视觉特效来实现两个画面的切换。图5-171～图5-173所示为"特效转场"类别中"色差故障"效果的展示。

图5-171　　　　　　　　　图5-172　　　　　　　　　图5-173

（4）MG转场

MG动画是一种包括文本、图形信息、配音配乐等内容，以简洁有趣的方式描述相对复杂的概念的艺术表现形式，是一种能有效与受众交流的信息传播方式。在MG动画制作中，场景之间转换的过程就是"转场"。MG转场设计可以使视频更流畅、更自然，视觉效果更富有吸引力，从而加深受众对其的印象。图5-174～图5-176所示为"MG"转场类别中"向右流动"效果。

图5-174   图5-175   图5-176

（5）遮罩转场

"遮罩转场"类别中包含了圆形遮罩、星星、爱心、水墨、画笔擦除等转场效果。这一类转场效果主要是通过不同的图形遮罩来实现画面之间的切换。图5-177～图5-179所示为"遮罩转场"类别中"爱心Ⅱ"效果的展示。

图5-177   图5-178   图5-179

（6）幻灯片

"幻灯片"类别中包含了翻页、立方体、倒影、百叶窗、风车、万花筒等转场效果。这一类转场效果主要是通过一些简单的画面运动和图形变化来实现两个画面之间的切换。图5-180～图5-182所示为"幻灯片"类别中"立方体"效果的展示。

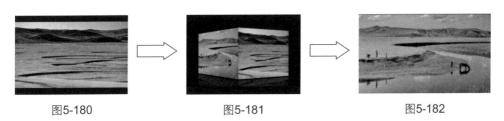

图5-180   图5-181   图5-182

实战：制作瞳孔放大转场视频

本实例主要讲解制作瞳孔放大转场视频。这里所讲解的效果视频，需要一段人物眼睛特写的视频和一个背景素材，将视频画面、关键帧与蒙版工具相结合，制作出从瞳孔中看到另一个场景的视频效果。

01 打开剪映，导入"瞳孔"视频素材。

02 将时间线移动至眼睛刚睁开的位置，如图5-183所示，点击底部工具栏中的"画中画"按钮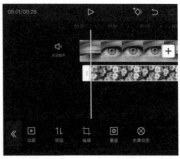，导入"花"视频素材，如图5-184所示。

|图5-183|图5-184|

03 选中"花"视频素材，并在起始位置添加一个关键帧，如图5-185所示。

04 点击底部工具栏中的"蒙版"按钮，使用"圆形"蒙版，如图5-186所示。

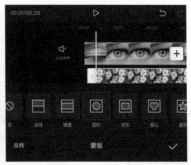

|图5-185|图5-186|

05 在预览区域将"圆形"蒙版缩小到与瞳孔大小一致，并微微拉动羽化工具，如图5-187所示。

06 将时间线慢慢向后推移，根据瞳孔大小和位置的变化改变"圆形"蒙版的大小，如图5-188所示。

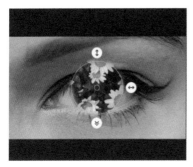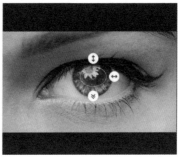

图5-187 图5-188

07 时间线移动至眼睛闭紧的位置时，直接选中画中画视频素材，在闭眼的第一帧和睁眼的第一帧处点击"分割"按钮，将素材进行删除处理，如图5-189所示。

08 选中画中画视频素材，在起始位置添加一个关键帧，继续移动时间线修改"圆形"蒙版的大小和位置，如图5-190所示。

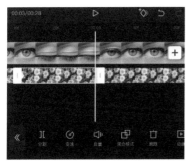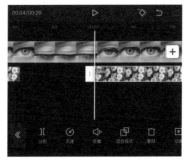

图5-189 图5-190

09 返回到第一级底部工具栏，当时间线移动至6s处时，选中主轨"瞳孔"视频素材，添加一个关键帧，如图5-191所示。

10 将时间线移动至主轨"瞳孔"视频素材结尾处，再添加一个关键帧，在预览区域将画面放大至眼睛铺满整个画面，如图5-192所示。

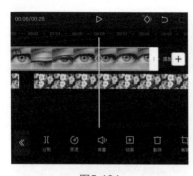

图5-191　　　　　　　　　　　　图5-192

11　选中画中画视频素材，将时间线移动回6s处，继续移动时间线修改"圆形"蒙版的大小和位置至视频结尾，如图5-193所示。

12　在时间线接近结尾处时，直接将时间线拖动至视频尾端，并在预览区域直接将画面放大至铺满整个画面，如图5-194所示。

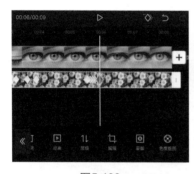

图5-193　　　　　　　　　　　　图5-194

13　点击"音乐"按钮，在音乐库中添加一段自己喜欢的音乐至剪辑项目。

14　完成所有操作后，点击视频编辑界面右上角的"导出"按钮，将视频导出到手机相册。打开手机相册查看短视频的画面效果，如图5-195所示。

图5-195

实战：
为视频添加卡点遮罩效果

本实例主要讲解爱心遮罩转场视频。下面以2个视频片段为基础，结合转场、音乐等，制作出爱心遮罩转场的视频效果。

01 打开剪映，在主界面点击"开始创作"按钮⊞，进入素材添加界面，选择2个视频素材并命名为"01"与"02"，点击"添加"按钮，如图5-196所示。

02 将素材添加至剪辑项目后，使用双指缩小时间轴，点击2个视频素材之间的"转场"按钮⊡，如图5-197所示。

图5-196 图5-197

03 进入转场特效选项栏，应用"遮罩转场"特效中的"爱心"效果，并向右拖动滑块设置"转场时长"为3.6s，完成后点击"确认"按钮☑，如图5-198所示。注意，这一步如果添加的素材偏多，那么还可以点击"应用到全部"按钮🗂，把该转场特效应用到全部素材。

04 添加转场特效后，在轨道区域可以看到两个视频素材之间的按钮变成⋈，表示已添加了转场特效，如图5-199所示。

图5-198 图5-199

05 点击"关闭原声"按钮，再点击"音频"按钮♪→"音乐"按钮♫，找到想要的音乐素材，如"甜了个蜜"，点击"使用"按钮 使用 ，如图5-200所示。

06 在轨道区域，按住音乐素材将其移动位置并调整好时长，使其与主视频的两端保持对齐，如图5-201所示。

 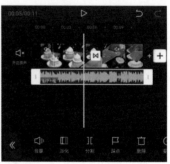

图5-200 　　　　　　　　　　　　图5-201

07 完成所有操作后，点击视频编辑界面右上角的"导出"按钮 导出 ，将视频导出到手机相册。打开手机相册查看短视频的画面效果，如图5-202所示。

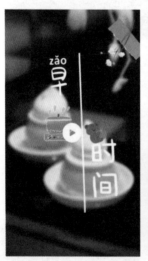 

图5-202

第6章

画面的调整：
优化画面使视频更加多彩

　　相信大家在观看短视频的过程中，会发现有不少创作者在视频中添加了一些个性化的装饰元素，使整个视频显得趣味十足。在视频画面中添加个性贴纸，是增强短视频观赏性的方式之一，除此以外，用户还可以通过调色来强化短视频作品的视觉观感。

　　唯美和谐的视频画面更能体现创作者的技术，也会使视频更受观众喜爱。对于广大视频创作者来说，对视频画面的美化和调整是短视频后期制作中不容忽视的一个环节。视频画面的调整与美化主要包括对视频画面的校色，以及各种滤镜效果、转场效果的灵活运用，同时还需要结合蒙版、色度抠图等操作来进一步完善视频画面效果。

6.1　添加不同类型的贴纸

贴纸功能是如今许多短视频编辑类软件中都具备的一项功能。通过在视频画面上添加贴纸，不仅可以起到较好的遮挡作用（类似于马赛克），还能让视频画面看上去更加酷炫。

在剪映的剪辑项目中添加了视频或图像素材后，在未选中素材的状态下，点击底部工具栏中的"贴纸"按钮，在打开的贴纸选项栏中可以看到很多不同类别的贴纸，并且贴纸的内容还在不断更新中，如图6-1和图6-2所示。

图6-1　　　　　　　　　　　　　　　图6-2

根据剪映中的贴纸类别，将贴纸素材大致分为两类，分别是自定义贴纸与剪映内置贴纸。下面为大家分别讲解这两类贴纸的具体应用。

▶ 6.1.1　添加自定义贴纸

在打开贴纸选项栏后，用户可以在不同的贴纸类别下筛选想要添加到剪辑项目中的贴纸，这些贴纸基本能满足大家的日常编辑需求。此外，剪映还支持用户在剪辑项目中添加自定义贴纸，进一步满足了用户的创作需求。添加自定义贴纸的方法很简单，在贴纸选项栏中，点击最左侧的按钮，如图6-3所示，即可打开素材添加界面（相册），选取贴纸元素添加至剪辑项目。

图6-3

实战：
为视频添加自定义贴纸效果

在进行视频处理前，可以先在网上自行下载一些PNG格式的图像文件，有一定软件基础的用户也可以自行在Photoshop或Illustrator这类设计软件中制作并导出PNG格式的图像文件，将文件传输至手机相册，然后在剪映中完成自定义贴纸的添加。下面为各位读者演示添加自定义卡通贴纸的操作。

01 打开剪映，在主界面点击"开始创作"按钮▣，进入素材添加界面，选择"小猫"图像素材，点击"添加"按钮，将素材添加至剪辑项目。

02 进入视频编辑界面，在轨道区域中选择"小猫"素材，按住素材尾部的▯，向右拖动将素材时长延长至5s，如图6-4所示。

03 将时间线定位至素材起始位置，在未选中素材状态下，点击底部工具栏中的"贴纸"按钮◐，如图6-5所示。

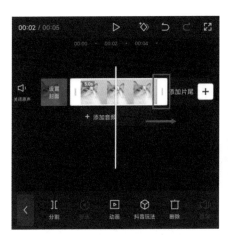

图6-4　　　　　　　　　　　　　　　图6-5

04 打开贴纸选项栏，向右滑动类别栏，然后点击最左侧的▣按钮，如图6-6所示。

05 进入素材添加界面后，选择"卡通鱼"素材文件，将其添加至剪辑项目，然后在预览区域中将贴纸素材调整到合适的大小和位置，如图6-7所示。

图6-6 　　　　　　　　　　　图6-7

06　在轨道区域中，选择"卡通鱼"素材，按住素材尾部的▯，向右拖动将素材延长，使其与"小猫"图像素材的长度保持一致，如图6-8所示。

07　选择"卡通鱼"素材，然后点击底部工具栏中的"动画"按钮◎，如图6-9所示，打开贴纸动画选项栏，如图6-10所示。

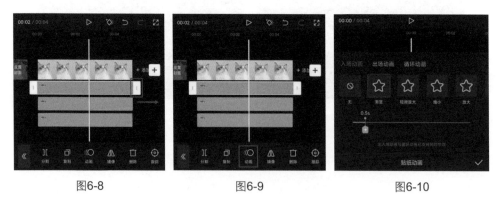

图6-8 　　　　　　　　图6-9 　　　　　　　　图6-10

08　在打开的贴纸动画选项栏中，切换至"循环动画"选项，点击其中的"摇摆"效果，并设置动画速率为0.5s，如图6-11所示，完成操作后点击右下角的✅按钮。

09　此时，轨道区域中的贴纸素材上方将生成动画轨迹，在预览区域中可以查看贴纸的动画效果，如图6-12所示。

图6-11

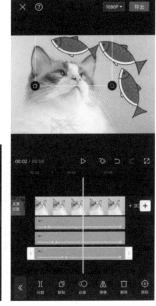

图6-12

10 将时间线定位至视频起始位置，在未选中素材的状态下，点击底部工具栏中的"添加贴纸"按钮◑，如图6-13所示。

11 打开贴纸选项栏，点击最左侧的◧按钮，进入素材添加界面后，选择"底部修饰"素材，将其添加至剪辑项目，然后在预览区域中将贴纸素材调整到合适的大小及位置，如图6-14所示。

图6-13

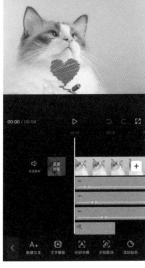

图6-14

12 在轨道区域中选择"底部修饰"素材，按住素材尾部的▯，向右拖动将素材延长，使其与"小猫"图像素材的长度保持一致，如图6-15所示，打开贴纸动画选项栏，切换至"循环动画"选项，点击其中的"心跳"效果，并设置动画速率为0.5s，如图6-16、图6-17所示。

13 至此，就完成了添加自定义卡通贴纸的操作。点击视频编辑界面右上角的 导出 按钮，将视频导出到手机相册。视频画面效果如图6-18所示。

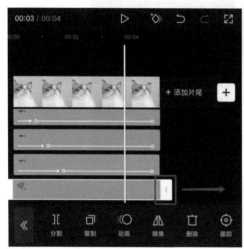

图6-15

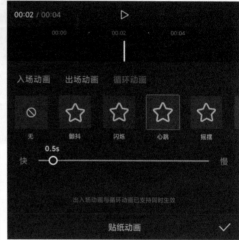

图6-16

图6-17

图6-18

提示：大家可以通过添加自定义贴纸操作，尝试将个人照片添加至剪辑项目，也能制作出非常具有个人特色的短视频作品。

6.1.2　添加剪映内置贴纸

　　普通贴纸在这里特指贴纸选项栏中没有动态效果的贴纸素材，例如emoji类别中的表情符号贴纸，如图6-19所示。值得一提的是，当大家在制作短视频时，若画面中出现了其他人物的面孔（或本人不方便出镜），不妨使用emoji贴纸进行遮挡，画面效果会比添加马赛克更为美观和有趣，如图6-20所示。

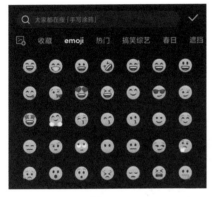

图6-19

图6-20

　　将这类贴纸素材添加至剪辑项目后，虽然贴纸本身不会产生动态效果，但用户可以自行为贴纸素材设置动画。设置贴纸动画的方法非常简单，在轨道区域中选择贴纸素材，然后点击底部工具栏中的"动画"按钮，在打开的贴纸动画选项栏中可以为贴纸设置"入场动画""出场动画"和"循环动画"，并可以对动画效果的播放速率进行调整，如图6-21和图6-22所示。

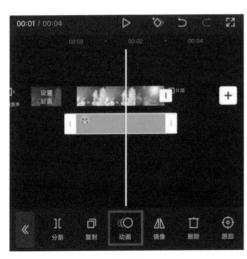

图6-21

图6-22

> 提示：点击任意动画效果后，可在预览区域中对动画进行快速预览。在调整效果速率时需要注意的是，数值越大，动画播放越缓慢；数值越小，动画播放则越快。

如果觉得视频画面过于单调，而普通贴纸与自定义贴纸又无法满足需求，这时可以使用特效贴纸。特效贴纸在这里特指贴纸选项栏中自带动态效果的贴纸素材，例如炸开动画素材、线条画动画素材等，如图6-23和图6-24所示。相较于普通贴纸来说，特效贴纸由于自带动画效果，因此更具备趣味性和动态感，对于丰富视频画面来说是不错的选择。

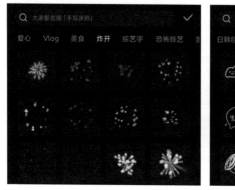 

图6-23   图6-24

实战：为视频画面添加边框贴纸

边框贴纸，顾名思义就是在画面中添加一个边框效果。在剪映的贴纸选项栏中，点击类别栏中的"边框"，即可在类别列表中看到不同类型的边框贴纸素材，下面来为大家演示添加边框贴纸的操作方法。

01 打开剪映，导入"人像"素材。

02 进入视频编辑界面后，将时间线定位至视频起始位置，在未选中素材状态下，点击底部工具栏中的"贴纸"按钮 ⏺ →"添加贴纸"按钮 ⏺，如图6-25所示。

03 打开贴纸选项栏，点击类别栏中的"边框"，在贴纸列表中点击图6-26所示贴纸，完成后点击 ✓ 按钮。

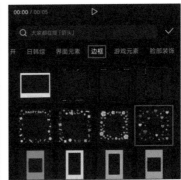

图6-25	图6-26

04　在边框贴纸素材选中状态下，在预览区域中，将贴纸调整到合适的位置及大小。接着，按住素材尾部的▯，向右拖动将素材延长，使其与上方素材的长度保持一致，如图6-27所示。

05　将时间线定位至视频起始位置，在未选中素材状态下，点击底部工具栏中的"添加贴纸"按钮◑，如图6-28所示。

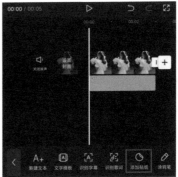

图6-27	图6-28

06 打开贴纸选项栏，点击类别栏中的"电影感"，在贴纸列表中点击图6-29所示贴纸，完成后点击✓按钮。

07 在预览区域中，将贴纸素材调整到合适的大小及位置，然后按住贴纸素材尾部的，向右拖动将素材延长，使其与上方素材的长度保持一致，如图6-30所示。

图6-29

图6-30

08 在贴纸素材选中状态下，点击底部工具栏中的"动画"按钮◎，如图6-31所示。

09 打开的贴纸动画选项栏，在"入场动画"选项中点击"缩小"效果，并设置动画速率为1.5s，如图6-32所示，完成操作后点击✓按钮。

图6-31

图6-32

10 将时间线定位至视频起始位置，在未选中素材状态下，点击底部工具栏中的"音频"按钮 $\textcircled{d}$ →"音效"按钮 $\textcircled{}$，如图6-33所示。

11 在音效列表中选择"魔法"种类中的"信号"音效，如图6-34所示。

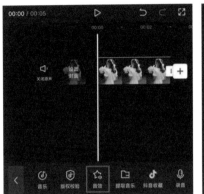 

图6-33 图6-34

12 至此，就完成了添加边框贴纸的操作。点击视频编辑界面右上角的 导出 按钮，将视频导出到手机相册。视频画面效果如图6-35和图6-36所示。

图6-35 图6-36

6.2 视频素材的调色

调色是视频编辑时不可或缺的一项操作，画面颜色在一定程度上能决定作品的好坏。在观看一些影视作品时，大家应该能明显地感受到不同的画面色调所传递出来的情感。对于影视作品来说，与作品主题相匹配的色彩能很好地传达作品的主旨思想。

▶ 6.2.1 画面基础调节选项

"调节"功能的作用主要有两点，分别为调整画面的亮度和调整画面的色彩。在调整画面亮度时，除了可以调节明暗，还可以单独对画面中的高光和阴影进行调整，从而令视频的影调更细腻，更有质感。

由于不同的色彩具有不同的情感，所以通过"调节"功能能够表达出视频制作者的主观情感。选项栏中包含了"亮度""对比度""饱和度"和"色温"等色彩调节选项，下面为大家进行简单介绍。

- ➢ 亮度：用于调整画面的明亮程度。数值越大，画面越明亮。
- ➢ 对比度：用于调整画面黑与白的比值。数值越大，从黑到白的渐变层次就越多，色彩的表现也会更加丰富。
- ➢ 饱和度：用于调整画面色彩的鲜艳程度。数值越大，画面饱和度越高，画面色彩就越鲜艳。
- ➢ 锐化：用来调整画面的锐化程度。数值越大，画面细节越丰富。
- ➢ 高光/阴影：用来改善画面中的高光或阴影部分。
- ➢ 色温：用来调整画面中色彩的冷暖倾向。数值越大，画面越偏向于暖色；数值越小，画面越偏向于冷色。
- ➢ 色调：用来调整画面中色彩的颜色倾向。
- ➢ 褪色：用来调整画面中颜色的附着程度。

实战：制作小清新色调视频

下面以制作小清新色调视频为例进行实操。

01 打开剪映，在主界面点击"开始创作"按钮⊡，进入素材添加界面，选择"夏天"视频素材，点击"添加"按钮，将素材添加至剪辑项目。

02 在未选中素材的状态下，点击界面下方选项栏中的"调节"按钮☼，如图6-37所示。

03 点击弹出选项栏中的"亮度"按钮☀️，调高参数至"20"，让画面显得更阳光，更接近小清新风格，如图6-38所示。

04 接下来点击"高光"按钮🌑，降低参数至"－10"，如图6-39所示。因为在提高亮度后，画面中较亮区域的细节有所减少，可以通过降低"高光"参数恢复部分细节。

05 点击"阴影"按钮，调高参数至"25"，使画面阴影区域不那么暗，画面显得更加柔和。至此，小清新风格的影调就确定了，如图6-40所示。

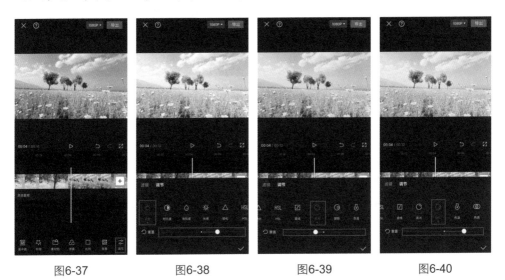

图6-37   图6-38   图6-39   图6-40

06 接下来，对画面色彩进行调整。由于小清新风格的画面色彩饱和度往往偏低，所以点击"饱和度"按钮💧，降低参数至"－15"，如图6-41所示。

07 点击"色温"按钮🌡️，降低参数至"－10"，让色调偏蓝一点，因为冷色调的画面可以传达一种清新的视觉感受，如图6-42所示。

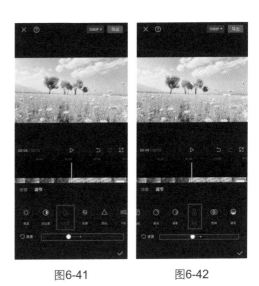

图6-41   图6-42

08 点击"色调"按钮，降低参数至"负30"，为画面增添一些绿色，如图6-43所示。因为绿色代表自然，与小清新风格画面的视觉感受是一致的。

09 点击"褪色"按钮，调高该参数至"40"，营造"空气感"，如图6-44所示。至此，画面就具有了强烈的小清新风格。

10 完成所有操作后，点击视频编辑界面右上角的 导出 按钮，将视频导出到手机相册。图6-45为视频调色前，图6-46为视频调色后。

图6-43   图6-44

图6-45   图6-46

▶ 6.2.2 视频滤镜的应用

滤镜可以说是如今各种视频剪辑App的必备"亮点"，通过为素材添加滤镜，可以很好地掩盖由于拍摄造成的缺陷，并且可以使画面更加生动、绚丽。剪映为用户提供了数十种视频滤镜特效，合理运用这些滤镜特效，可以模拟各种艺术效果，并对素材进行美化，从而使视频作品更加引人瞩目。

在剪映中，用户可以选择将滤镜应用到单个素材，也可以选择将滤镜作为独立的素材应用到某一段时间。下面为大家分别进行讲解。

（1）将滤镜应用到单个素材

在轨道区域中，选择一个视频素材，然后点击底部工具栏中的"滤镜"按钮，如图6-47所示，进入滤镜选项栏，在其中点击一款滤镜效果，即可将其应用到所选素材，通过下方的调节滑块可以改变滤镜的强度，如图6-48所示。

完成操作后点击右下角的☑按钮，此时的滤镜效果仅添加给了选中的素材。若需要将滤镜效果同时应用给其他素材，可在选择滤镜效果后点击"全部应用"按钮☑。

（2）将滤镜应用到某一段时间

在未选中素材的状态下，点击底部工具栏中的"滤镜"按钮☑，如图6-49所示，进入滤镜选项栏，在其中点击一款滤镜效果，如图6-50所示。

完成滤镜的选取后，点击右下角的☑按钮，此时在轨道区域中将生成

图6-47　　　　　　　　　图6-48

一个可调整时长和位置的滤镜素材，如图6-51所示。调整滤镜素材的方法与调整视音频素材的方法一样，按住素材两端的□前后拖动，可以对素材持续时长进行调整；选中素材前后拖动即可改变素材应用到的时间段，如图6-52所示。

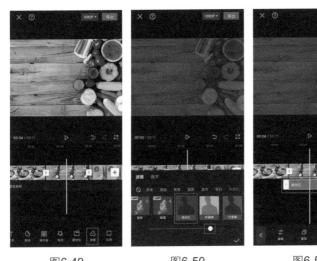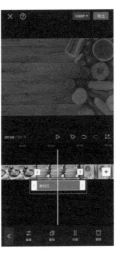

图6-49　　　　　　图6-50　　　　　　图6-51　　　　　　图6-52

6.3 视频画面的美化调整

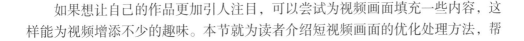

如果想让自己的作品更加引人注目，可以尝试为视频画面填充一些内容，这样能为视频增添不少的趣味。本节就为读者介绍短视频画面的优化处理方法，帮

助读者为视频润色，使作品更具吸引力。

▶ 6.3.1 调整画面混合模式

在剪辑项目中，若在同一时间点的不同轨道中添加了两组视频或图像素材，此时通过调整画面的混合模式，可以营造出一些特殊的画面效果。

在剪映中调整画面混合模式的方法很简单，首先用户需要在创建项目时添加一个素材，如图6-53所示。接着，在未选中素材状态下，点击底部工具栏中的"画中画"按钮█，然后点击"新增画中画"按钮█，进入素材添加界面，选择第2个素材，将其添加到新的轨道，如图6-54所示。

在新添加素材选中状态下，在预览区域中通过双指缩放调整素材画面大小，完成调整后点击底部工具栏中的"混合模式"按钮█，如图6-55所示，进入混合模式选项栏，在其中可以点击任意效果将其应用到画面，如图6-56所示。

| 图6-53 | 图6-54 | 图6-55 | 图6-56 |

提示：在选择一种混合效果后，点击█按钮可保存操作；通过拖动上方的"不透明度"滑块，可以调整混合程度。需要注意的是，混合模式在选择主轨道素材时无法启用。由于篇幅原因，这里不再对混合模式的各个效果进行详细讲解，读者可以在实际制作时多加尝试。

实战：
双重曝光效果视频

双重曝光效果能使画面更具有层次感，将两个画面叠加在一起，有时能产生引人入胜的故事感，下面便介绍使用剪映制作双重曝光效果视频的操作。

01 打开剪映，导入"白底"照片素材，在未选中素材的情况下点击下方选项栏中的"画中画"按钮■，点击"新增画中画"按钮■，导入"人像"视频素材并铺满画面，如图6-57所示。

02 选中"白底"素材，拖动其右端🔲，使其时长与视频素材保持一致，如图6-58所示。

图6-57

图6-58

03 选中"人像"素材，点击下方选项栏中的"抠像"按钮🔳，点击"智能抠像"按钮🔳，抠出人像，如图6-59和图6-60所示。

图6-59

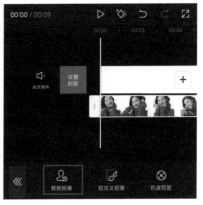

图6-60

04 点击"滤镜"按钮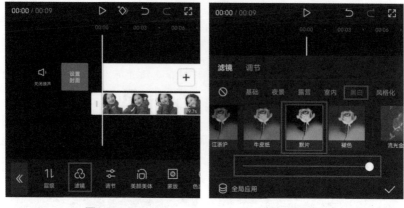，添加"默片"滤镜并把强度拉满，如图6-61和图6-62所示，完成操作后，点击右上角"导出"按钮 导出 ，获得"人像2"视频素材。

图6-61   图6-62

05 点击"开始创作"按钮➕，导入"大雪"视频素材，在未选中素材的情况下点击下方选项栏中的"画中画"按钮，点击"新增画中画"按钮，导入"人像2"视频素材，并使视频铺满画面，如图6-63所示。

06 选中"人像2"素材，点击下方选项栏中的"混合模式"按钮，选择"滤色"模式，如图6-64所示。

图6-63   图6-64

07 此时，双重曝光效果已经完成，接下来为视频添加字幕，进行美化。

08 将时间线定位至视频开头，在未选中素材的状态下，点击下方选项栏中的"文字"按钮T，如图6-65所示，点击"新建文本"按钮A+，在文本框中输入"大雪天寒 注意保暖"，在"样式"中选择"黑边"效果，并调整文字大小，然后放在合适的位置。如图6-66所示。

图6-65

09 选中文本素材，拖动右端□，使文本素材时长与视频保持一致，如图6-67所示。

图6-66

图6-67

10 选中文本素材，点击"编辑"按钮Aa，在"字体"中选择"芋圆体"；在"动画"中为文本素材设置"打字机Ⅰ"的入场动画，并将入场时间设置为1s，如图6-68～图6-70所示。

图6-68　　　　　　　　　图6-69　　　　　　　　　图6-70

11　在未选中素材的状态下，点击"贴纸"按钮◐，如图6-71所示，选择如图6-72所示贴纸并在预览区域将贴纸移动至合适的位置，完成后拖动贴纸素材右端◻，使其时长与视频时长一致，如图6-73所示。

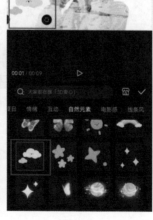

图6-71　　　　　　　　　图6-72　　　　　　　　　图6-73

12 至此，就完成了制作双重曝光视频的操作。点击视频编辑界面右上角的 导出 按钮，将视频导出到手机相册。视频画面效果如图6-74和图6-75所示。

图6-74　　　　　　　　　　　　　　图6-75

6.3.2　添加与设置背景画布

在剪辑项目中添加一个横画幅图像素材，在素材未选中状态下，点击底部工具栏中的"比例"按钮▣，如图6-76所示。打开比例选项栏，选择9∶16选项，如图6-77所示。

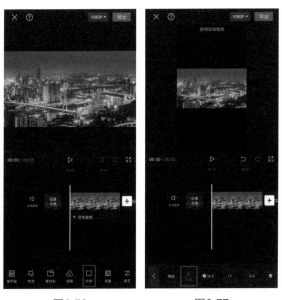

图6-76　　　　　　　　　　　　　　图6-77

由于画布比例发生改变，素材画面出现了未铺满画布的情况，上下均出现黑边，这其实是非常影响观感的。若此时在预览区域将素材画面放大，使其铺满画布，则会造成画面内容的缺失，如图6-78所示。如果想替换黑边，美化视频，有三种方法，如图6-79所示。

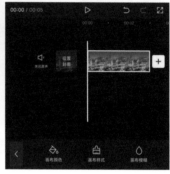

图6-78　　　　　　　　　图6-79

（1）画布颜色

打开背景选项栏，点击"画布颜色"按钮，如图6-80所示。接着，在打开的"画布颜色"选项栏中点击任意颜色，即可应用到画布，如图6-81所示，完成操作后点击右下角的✓按钮即可。

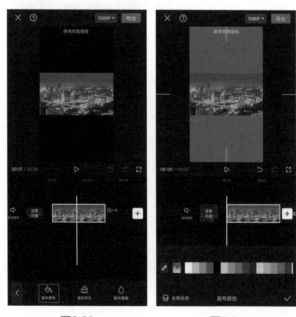

图6-80　　　　　　　　　图6-81

（2）画布样式

打开背景选项栏，点击"画布样式"按钮，如图6-82所示。接着，在打开的"画布样式"选项栏中选择任意样式，即可应用到画布，如图6-83所示，完成操作后点击右下角的按钮即可。

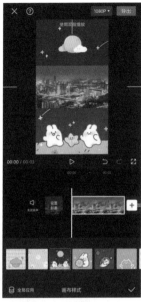

图6-82　　　　　　　　　　图6-83

（3）画布模糊

打开背景选项栏，点击"画布模糊"按钮，如图6-84所示。接着，在打开的"画布模糊"选项栏中选择背景的模糊程度，即可应用到画布，如图6-85所示，完成操作后点击右下角的按钮即可。

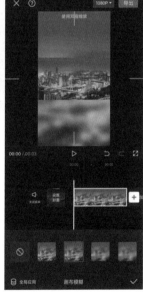

图6-84　　　　　　　　　　图6-85

提示：若想为所有素材统一设置画布，则在选择好效果后，点击"全局应用"按钮。

实战：
添加彩色画布背景

本实例主要讲解使用画布模糊制作模糊背景视频。下面以一个照片素材为基础，使用背景中的"画布模糊"，结合漫画、裁剪、特效、音乐等，制作出画布模糊之三级模糊背景的视频效果。

01　打开剪映，导入"人像"素材。点击"比例"按钮▣，设置视频比例为3：4，如图6-86所示。

02　在选中"人像"素材的状态下，点击"编辑"按钮▣，如图6-87所示。

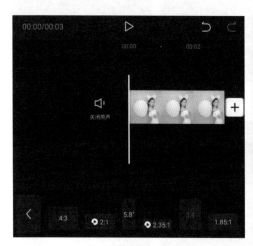

图6-86

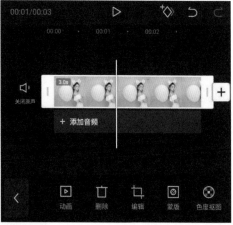

图6-87

03　点击"裁剪"按钮▣，在操作界面选择"3：4"按比例裁剪。在预览区域，用手指按住并拖动照片，调整需要保留的画面区域，点击"确认"按钮☑，如图6-88所示。

04　返回到第一级底部工具栏，点击"抖音玩法"按钮⬡，选择"漫画写真"。返回到第一级底部工具栏，点击"背景"按钮▨，点击"画布模糊"按钮◐，应用三级模糊效果，点击"确认"按钮☑，如图6-89所示。

05　返回到第一级底部工具栏，点击"特效"按钮⭐，应用"梦幻"特效中的"细闪"效果，点击"确认"按钮☑，如图6-90所示。

图6-88

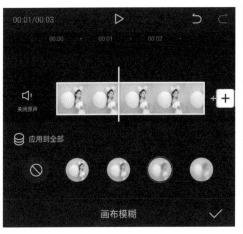

图6-89

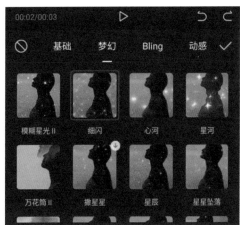

图6-90

06 在轨道区域，调整好特效素材的位置和长度，使其与"人像"素材的两端对齐，如图6-91所示。

07 返回到第一级底部工具栏，导入想要的音乐素材。在轨道区域，调整好"音乐"素材的位置和长度，使其与"人像"素材的两端对齐，如图6-92所示。

08 完成上述操作后，将视频导出到手机相册，并查看视频画面效果，如图6-93所示。

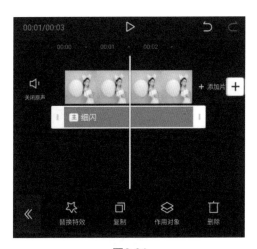

图6-91

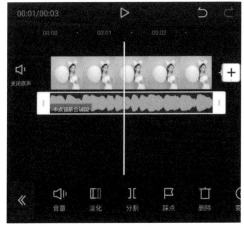

图6-92

图6-93

159

6.4 利用特殊功能实现特殊效果

剪映自带的许多特殊功能为用户提供了各种特殊效果，支持用户在剪辑项目置换视频背景、对视频中人物进行美化处理以及添加各种特效等。

6.4.1 智能抠像

剪映自带了许多非常实用的功能，"智能抠像"就是其中之一。剪映的"智能抠像"功能是指将视频中的人像部分抠出来,抠出来的人像可以放到新的背景视频中,制作出特殊的视频效果。"智能抠像"使用方法也很简单，用户在选中视频素材后点击下方选项栏中的"智能抠像"按钮，便可以将人像从背景中抠出来。图6-94和图6-95所示便是运用"智能抠像"加"画中画"达到置换背景的效果。

图6-94 图6-95

实战：
运用"智能抠像"功能快速抠出画面人物

下面为读者演示运用"智能抠像"功能快速抠出画面人物并置换背景的操作。

01 打开剪映，在主界面点击"开始创作"按钮➕，进入素材添加界面，选择
"舞台"素材，点击"添加"按钮，将素材添加至剪辑项目。

02 点击"画中画"按钮▣，选择"新增画中画"，导入"跳舞"素材，如图
6-96所示。

图6-96

03 定位至"荧光背景"素材末端，选中"跳舞"素材，点击"分割"按钮▐▌，
随后选中右边的素材，点击"删除"按钮▯，使两段素材时长相同，如图6-97和图
6-98所示。

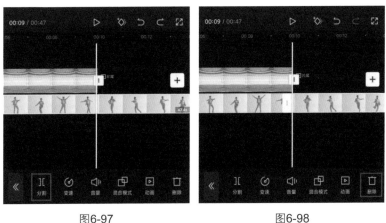

图6-97 图6-98

04 选中"跳舞"素材，点击下方选项栏中的"智能抠像"按钮，并等待其完成，如图6-99所示。

05 智能抠像完成后，在未选中素材的状态下，点击"特效"按钮，打开"画面特效"选项栏，点击类别栏中的"动感"，在列表中点击图6-100所示特效，完成后点击保存。

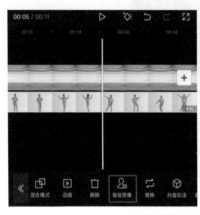 

图6-99 图6-100

06 选择"霓虹摇摆"素材，点击下方选项栏中的"作用对象"按钮并将作用对象设置为"画中画"。

07 至此，就完成了制作智能抠像视频的操作。点击视频编辑界面右上角的导出按钮，将视频导出到手机相册。视频画面效果如图6-101和图6-102所示。

 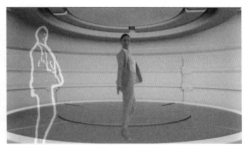

图6-101 图6-102

6.4.2 色度抠图

剪映的"色度抠图"简单说是对比两个像素点之间颜色的差异性，把前景抠取出来，从而达到置换背景的作用。"色度抠图"与"智能抠像"不同，"智能抠像"会自动识别人像，然后将其导出，而"色度抠图"是用户自己选择需要抠去的部分，抠图时，选中的颜色与其他区域的颜色差异越大，抠图的效果越好。用户可以通过"取色器"确定需要去除的部分，如图6-103所示，然后通过调节"强度"确定效果，如图6-104所示。

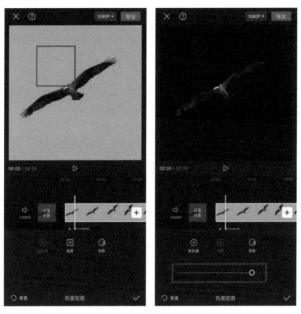

图6-103　　　　　　　　　图6-104

实战：
运用"色度抠图"功能制作特效视频

下面为读者演示制作色度抠图视频的操作。

01　打开剪映，在主界面点击"开始创作"按钮⊞，进入素材添加界面，选择"雪山"视频素材，点击"添加"按钮，将素材添加至剪辑项目。

02　在未选中素材的状态下，点击界面下方的"画中画"按钮回，导入绿幕素材，如图6-105所示。

03　将绿幕素材铺满整个画面后，点击界面下方的"色度抠图"按钮⊗，如图6-106所示。

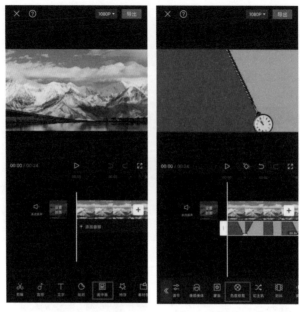

图6-105 　　　　　　　　　 图6-106

04 将"取色器"中间很小的白框置于绿色区域，如图6-107所示。

05 点击"强度"按钮▣，并向右拉动滑条，即可将绿色区域抠掉，如图6-108
所示。

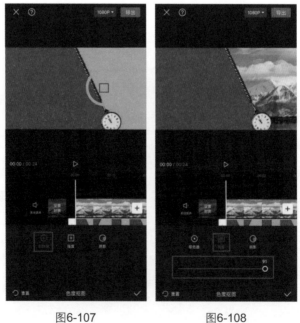

图6-107 　　　　　　　　　 图6-108

06 对于某些绿幕素材，即便将"强度"滑动到最右侧，依旧无法将绿色抠掉。此时，可以先小幅度提高强度数值，如图6-109所示。

07 将绿幕素材放大，再次点击"色度抠图"按钮，仔细将"取色器"位置调整到残留的绿色区域，如图6-110所示。

图6-109 图6-110

08 再次点击"强度"按钮，并向右拉动滑条，就可以很好地抠掉绿色区域了，如图6-111所示。

09 点击"阴影"按钮，适当调高该数值，可以让抠图边缘更平滑。

10 将放大的绿幕素材缩小到刚好铺满整个屏幕，然后点击右上角的"导出"按钮 ，如图6-112所示。

11 导入另一个视频素材，并将刚刚导出的、还带有蓝色区域的素材导入画中

图6-111 图6-112

画轨道。再次利用"色度抠图" 功能将蓝色区域扣掉。

12 至此，就完成了制作色度抠图视频的操作。点击视频编辑界面右上角的 导出 按钮，将视频导出到手机相册。视频画面效果如图6-113和图6-114所示。

图6-113   图6-114

6.4.3 美颜美体

大家在进行后期视频处理时，如果想使入镜对象更上镜，可以使用剪映内置的"美颜美体"功能，来对人物进行美化处理。

（1）智能美颜

如今手机的拍摄像素越来越高，在自拍时脸部的毛孔和痘痕时常无所遁形，这对于一些喜爱自拍的朋友来说其实是不太友好的。

在剪映中进行人物美颜处理的操作非常简单，在选中素材后，点击底部工具栏中的"美颜美体"按钮 🖼，如图6-115所示，进入智能美颜选项栏，其中提供了"磨皮""瘦脸""大眼"等多个选项。任意选择一项，通过下方的数值滑块可以对美化强度进行调整，如图6-116所示。用户在处理时可以根据要求设置相应的力度，这样处理的效果会更加自然。

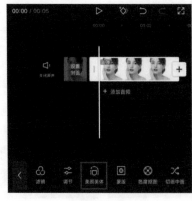 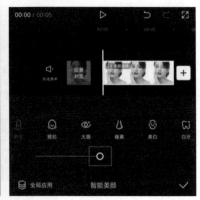

图6-115   图6-116

（2）智能美体

除了上述所讲的美颜外，在美颜美体
中，用户还可以切换至"智能美体"选项，
通过调整滑块，对身体部位进行收缩或拉长
处理。该功能可以智能识别人物体型，对人
物进行瘦身等处理，为用户轻松塑造好身
材，如图6-117所示。

（3）手动美体

如果用户对智能识别效果不满意，则可
以手动进行美体。手动美体提供了"拉
长""瘦身瘦腰""放大缩小"三个选项，
拖动下方的数值滑块可以对美体程度进行调整。"拉长"选项中调整的范围是上
下黄线之间的范围，"瘦身瘦腰"范围是左右黄线之间的范围，"放大缩小"范
围是圆圈之内的范围，如图6-118～图6-120所示。

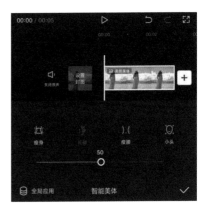

图6-117

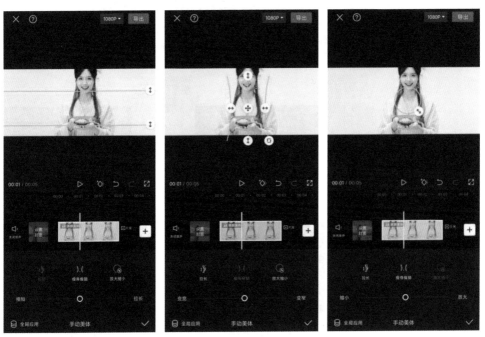

图6-118　　　　　　　　　图6-119　　　　　　　　　图6-120

实战：对视频中的人物进行美化处理

剪映自带的"美颜美体"功能使每个人都能充满自信地展现自己。下面演示对视频中的人物进行美化的操作。

01 打开剪映，在主界面点击"开始创作"按钮⊞，进入素材添加界面，选择"跳舞"素材，点击"添加"按钮，将素材添加至剪辑项目。

02 选中"跳舞"素材后点击下方选项栏中的"美颜美体"按钮，进入功能选项栏，如图6-121和图6-122所示。

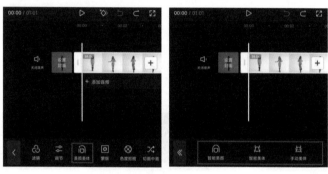

图6-121　　　　　　　　　　图6-122

03 点击"智能美颜"按钮，选择"美白"，将数值滑块调至100，完成后点击✓保存，如图6-123和图6-124所示。

04 返回上一界面，点击"智能美体"按钮，选择"长腿"，将数值滑块调至50，如图6-125和图6-126所示。随后选择"瘦腰"，将数值滑块调至70，如图6-127和图

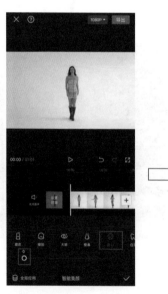

图6-123

图6-124

6-128所示，完成后点击✔保存。

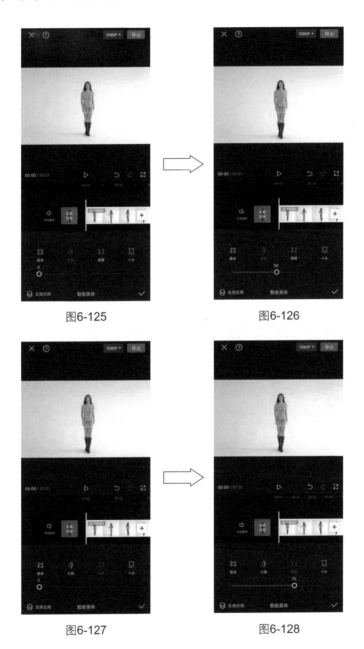

图6-125 图6-126

图6-127 图6-128

05 至此，就完成了对视频中人物进行美化的操作。点击视频编辑界面右上角的 导出 按钮，将视频导出到手机相册。视频画面效果如图6-129和图6-130所示。

图6-129 图6-130

▶ 6.4.4 短视频的创意玩法

剪映具有独特的创意功能。选中照片素材后点击下方选项栏中的"抖音玩法"按钮❑能轻松为照片赋予有趣的特效，如"性别反转""立体相册""魔法换天"等特效，但照片素材无法使用"丝滑变速"特效，如图6-131所示。

视频素材与照片素材相比限制较大，在"抖音玩法"中只能使用"留影子""吃影子""丝滑变速"与"魔法变身"四种特效，如图6-132所示。

图6-131 图6-132

实战：
利用"抖音玩法"功能制作"大头"特效

剪映的"抖音玩法"功能具备有趣且独特的效果，活用此功能能为视频增色。下面为读者演示利用"抖音玩法"功能制作"大头"特效的操作。

01 打开剪映，在主界面点击"开始创作"按钮❑，进入素材添加界面，选择照片素材，点击"添加"按钮，将素材添加至剪辑项目。

02 点击"添加音频"，点击"音乐"按钮❑，在弹出的界面上方搜索"man on a

mission"，找到同名歌曲后点击"使用"添加进音轨，如图6-133和图6-134所示。

图6-133　　　　　　　　　　　图6-134

03　定位至照片素材末端，选中音乐素材，点击"分割"按钮，如图6-135所示，然后选择右边音频部分，点击"删除"按钮，使素材时长保持一致，如图6-136所示。

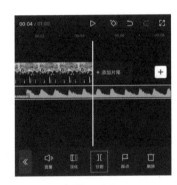 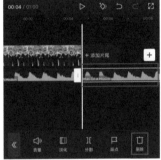

图6-135　　　　　　　　　　　图6-136

04　将时间定位至音频第一个高潮点，选择照片素材，点击"分割"按钮，如图6-137所示。重复上述操作，根据音乐节奏将照片素材分割为六部分，如图6-138所示。

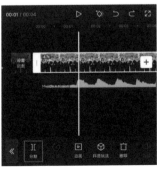 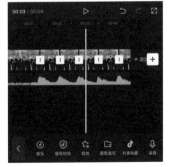

图6-137　　　　　　　　　　　图6-138

05 选择第一个素材，点击下方选项栏中的"动画"按钮▣，如图6-139所示。选择"入场动画"，在列表中选择"向右下甩入"效果，完成后点击☑保存，如图6-140所示。

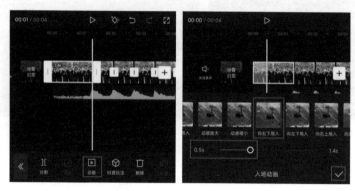

图6-139　　　　　　　　　　图6-140

06 选择第二个素材，点击下方选项栏中的"抖音玩法"按钮⬡，在弹出的列表中选择"大头"，完成后点击☑保存，如图6-141和图6-142所示。

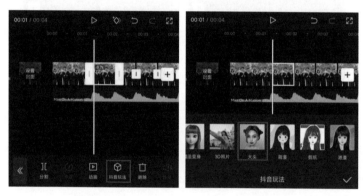

图6-141　　　　　　　　　　图6-142

07 第四个与第六个素材进行与第二个素材相同的处理，第三个与第五个保持不变。

08 至此，就完成了"大头"特效视频的制作。点击视频编辑界面右上角的 导出 按钮，将视频导出到手机相册。视频画面效果如图6-143和图6-144所示。

图6-143

图6-144

扫码观看
本章视频

第7章

合成效果短视频：
后期制作展现大片效果

前面章节已经介绍了剪映的全部功能，接下来便会综合使用剪映各方面的功能来制作炫酷视频。

特殊的画面特效能给很多人留下深刻的印象，利用剪映，在手机上也能轻松制作出震撼人心的视频效果，本章选取了五种各具特色的短视频，下面会详细介绍制作过程，让剪辑不再是一种难事。

7.1 复古录像带风格短视频

本节利用剪映中具有代表性的一些功能，制作一款复古录像带风格的短视频。制作复古录像带风格短视频主要是利用滤镜、特效及识别歌词功能，使画面泛旧，体现出年代感。下面为具体操作。

01 打开剪映，在主界面中点击"开始创作"按钮 ⊞ ，进入素材添加界面，依序选择需要添加的6个素材，并命名为"1"～"6"，点击"添加"导入素材。

02 在轨道区域中选中素材"1"，点击工具栏中的"变速" ⓒ 按钮，点击"常规变速" ⾥ 按钮，将速度设置为"1.5×"，如图7-1所示，完成后保存。

03 按住"1"素材尾部 ⼁ ，向左拖动，将视频时长控制在3s左右，如图7-2所示。

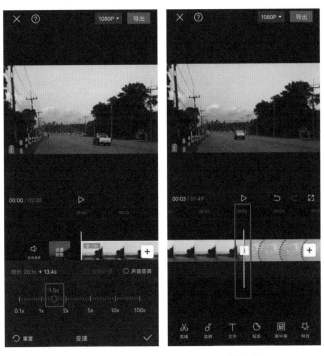

图7-1   图7-2

04 按照上述方法将视频素材"2"调整为"3s，1.6×"，将视频素材"3"调整为"2.4s"，将视频素材"4"调整为"2.9s"，将视频素材"5"调整为"5.6s，2.0×"，将视频素材"6"调整为"9.0s"，如图7-3～图7-5所示。

175

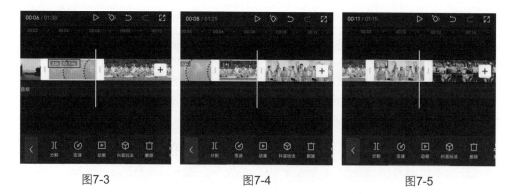

图7-3　　　　　　　　图7-4　　　　　　　　图7-5

05　在轨道区域中选中素材"1"，在工具栏中点击"滤镜"按钮⑧，选择"港风"滤镜样式，如图7-6和图7-7所示，完成后点击✓保存。

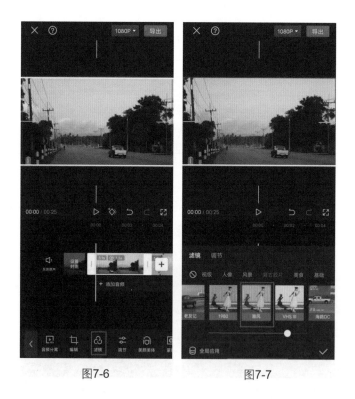

图7-6　　　　　　　　图7-7

06　按照上一步的做法，将视频素材"2"调整为"1980"滤镜样式，将视频素材"3"调整为"港风"滤镜样式，将视频素材"4"调整为"1980"滤镜样式，如图7-8～图7-10所示。继续用同样的方式，将视频素材"5"调整为"德古拉"滤镜样式，将视频素材"6"调整为"1980"滤镜样式。完成后点击✓保存。

图7-8   图7-9   图7-10

07 回到上一级工具栏，将时间线拖动至视频首端，在工具栏中点击"特效"
按钮❖，在"DV"一栏中点击使用"DV录制框"特效，完成后点击✓保存，如图
7-11和图7-12所示。

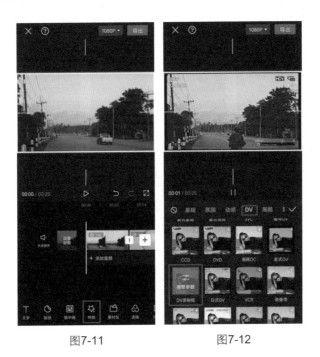

图7-11   图7-12

08 在轨道区域中选中"DV录制框"素材，按住素材尾部▯并向右拖动到视频尾端，如图7-13和图7-14所示。

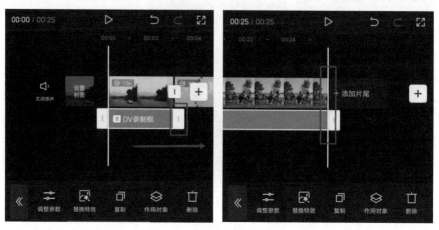

图7-13　　　　　　　　　　　图7-14

09 将时间线拖动至视频素材首端，点击"画面特效"按钮▣，在"复古"一栏中点击使用"荧幕噪点"特效，点击✓保存。在轨道区域中选中素材"荧幕噪点"，按住素材尾部▯并向右拖动到视频尾端，如图7-15～图7-17所示。

图7-15　　　　　　　图7-16　　　　　　　图7-17

10 点击返回二级列表按钮，将时间线拖动至视频素材"6"的首端，点击"画面特效"按钮，选择"基础"一栏中的"变清晰"特效，点击✓保存，按住素材尾部并向右拖动到视频尾端，如图7-18和图7-19所示。

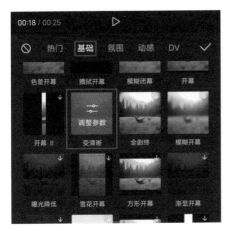

图7-18

图7-19

11 回到一级工具栏，依次点击"添加音频"按钮、"音乐"按钮，进入剪映歌单界面，如图7-20所示，点击搜索框，输入文字"第一天"并搜索，使用如图7-21所示歌曲。

图7-20

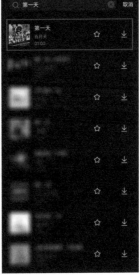

图7-21

12 在轨道区域中将时间线拖动至视频素材尾端，选中"音乐"素材，点击"分割"按钮ϟ。完成素材分割后，将时间线之后的"音乐"素材删除，如图7-22和图7-23所示。

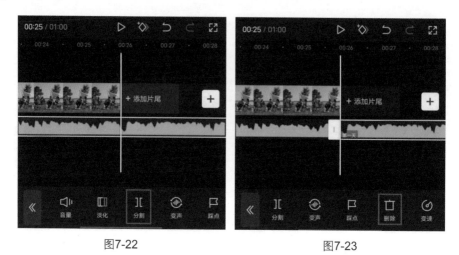

图7-22   图7-23

13 将时间线拖动至10s、15帧处，在工具栏中点击"音效"按钮，选择"手机"一栏中的"智能手机拍照"音效，点击"使用"按钮，将其添加至轨道，如图7-24和图7-25所示。

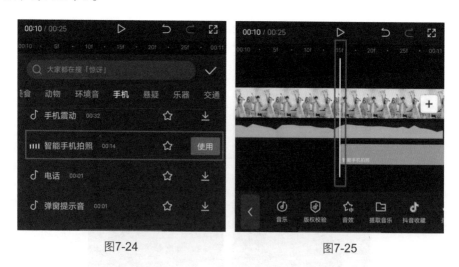

图7-24   图7-25

14 返回一级选项栏，在工具栏中点击"文字"按钮T，点击"识别歌词"按钮，点击"开始识别"，识别完成后轨道中将会出现字幕，如图7-26和图7-27所示。

图7-26　　　　　　　　　　图7-27

15　将文字字体更换为"港风繁体"，选择第3个文字样式，点击✓保存，在视频预览区中使用双指将文字适当放大并居中，如图7-28～图7-30所示。

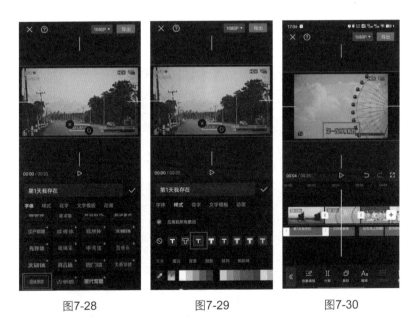

图7-28　　　　　　　　图7-29　　　　　　　　图7-30

16　完成所有操作后，点击视频编辑界面右上角的"导出"按钮 导出 ，将视频导出到手机相册。视频效果如图7-31和图7-32所示。

图7-31 | 图7-32

7.2　制作偷走花的影子视频

　　本案主要讲解制作偷走花的影子视频：蒸汽波路灯特效打在影子上，闪闪特效就像花粉，这些梦幻的画面再加上音乐唱着"我多想回到那个夏天"，主题是偷走花的影子，实则侧面描绘出偷走的并非是花的影子，而是美好时光。以2个视频片段为基础，结合滤镜、特效、蒙版、音乐等，制作出偷走花的影子视频效果。

　　01　打开剪映，导入素材"01"、素材"02"，点击"切画中画"按钮 ，如图7-33所示，移动素材"02"至视频起始处，如图7-34所示。

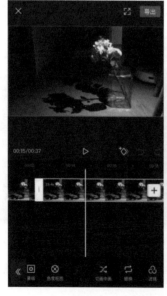

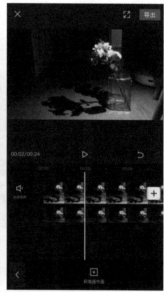

图7-33 | 图7-34

02 移动时间线至画面即将出现花的影子处，选中素材"02"，点击"分割"按钮▮▮，如图7-35所示，然后将前面的部分删除，如图7-36所示。

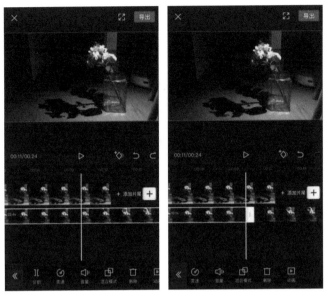

图7-35　　　　　　　　　图7-36

03 继续选中素材"02"，移动至视频起始处，然后按住画中画素材尾部的▯，向左拖动至与视频尾端对齐，如图7-37和图7-38所示。

图7-37　　　　　　　　　图7-38

04 选中素材"02"，点击"蒙版"按钮 ◎，选择"线性"蒙版，在预览区域旋转蒙版至180°，如图7-39和图7-40所示。注意"羽化"按钮在线性蒙版的上方，将蒙版移动至花瓶瓶口处，点击 ✓ 保存。

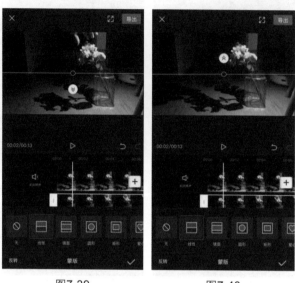

图7-39   图7-40

05 移动时间线至视频起始处，点击"音频"按钮 ♪ →"音乐"按钮 ♪，点击"伤感"分类，选择"回到夏天"乐曲，点击"使用"按钮 使用，如图7-41和图7-42所示。

图7-41   图7-42

06 移动时间线至视频尾端，选中"音频"素材，点击"分割"按钮，接着删除后面的素材，如图7-43所示；选中"音频"素材，点击"淡化"按钮，设置"淡出时长"为1.0s，点击保存，如图7-44所示。

 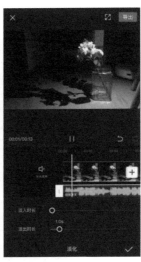

图7-43　　　　　　　　图7-44

07 移动时间线至视频起始处，点击"特效"按钮，选择"光影"特效分类里的"蒸汽波路灯"特效，点击"确定"按钮，如图7-45所示。

08 继续在此位置点击"特效"按钮，选择"梦幻"特效分类里的"闪闪"特效，点击"确定"按钮，如图7-46所示。

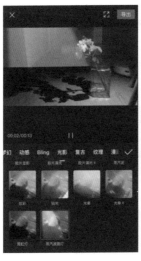 

图7-45　　　　　　　　图7-46

09 选中"闪闪"特效素材，点击"作用对象"按钮◈，点击"全局应用"按钮◙。

10 选中"闪闪"特效素材，按住素材尾部的▯，向右拖动至与视频尾端对齐，如图7-47所示。

图7-47

11 选中"蒸汽波路灯"特效素材，点击"作用对象"按钮◈，点击"全局应用"按钮◙；选中"蒸汽波路灯"特效素材，按住素材尾部的▯，向右拖动至与视频尾端对齐，如图7-48所示。

图7-48

12 移动时间线至起始处，点击"滤镜"按钮❽，选择"暮色"滤镜效果，点击"确定"按钮✓；选中滤镜素材，按住素材尾部的⎮，向右拖动至与视频尾端对齐，如图7-49和图7-50所示。

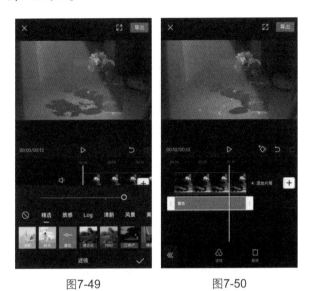

图7-49　　　　　　　图7-50

13 至此，就完成了制作偷走花的影子视频的操作。点击视频编辑界面右上角的 导出 按钮，将视频导出到手机相册，视频画面效果如图 7-51所示。

图7-51

7.3 制作素描画像渐变视频

本案例主要讲解制作画面中逐渐出现人物的素描画像，再从素描画像逐渐变化为真实的人物照片的效果。制作该视频如何使用到了剪映中的"画中画""滤镜""混合模式"以及"特效"等功能，主要看点在于前半部分素描画像的形成，以及转变为真实人物照片带来的画面变化。

01 打开剪映，导入"素描"素材和"人像"照片素材，并点击界面下方的"比例" ⬜ 按钮，将其设置为"16：9"，如图7-52所示。

02 调整素材大小，使其填充整个画面，并且尽量保证构图美观，如图7-53所示。

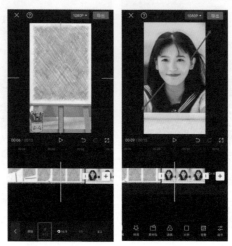

图7-52　　　　图7-53

03 选中"人像"照片素材，点击界面下方的"复制"按钮 ⬚，得到新的照片素材，将其命名为"复制01"，如图7-54所示。

04 选中"复制01"素材，并点击界面下方的"切画中画" ⤬ 按钮，如图7-55所示，从而将该素材切换到画中画图层。

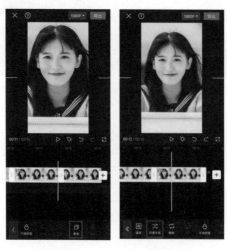

图7-54　　　　图7-55

05 选中"复制01"素材，使其与素描素材首尾对齐，如图7-56所示。

06 选中"复制01"素材，点击界面下方的"滤镜"按钮⊗，如图7-57所示。

07 选择"黑白"分类下的"褪色"选项，如图7-58所示。

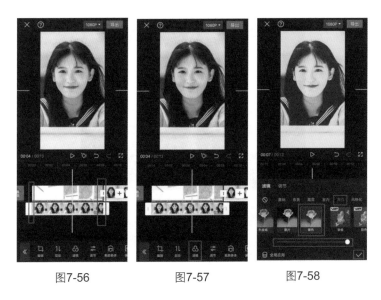

图7-56　　　　　　图7-57　　　　　　图7-58

08 选中"复制01"素材，点击界面下方的"混合模式"按钮▣，选择"滤色"模式，此时就实现了素描效果，如图7-59和图7-60所示。

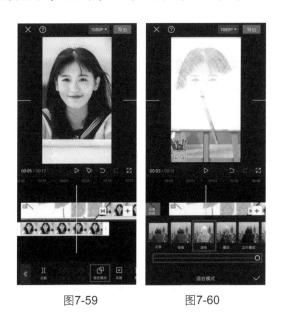

图7-59　　　　　　图7-60

09 在"素描"素材画面中，画架下方也出现了部分素描效果，严重影响画面美感，因此需要选中"复制01"素材，并点击界面下方的"蒙版"按钮⊙添加"线性"蒙版，让素描效果只出现在"画框"内，如图7-61所示。

10 点击"素描"素材与"人像"素材之间的"转场"⊡图标，如图7-62所示。

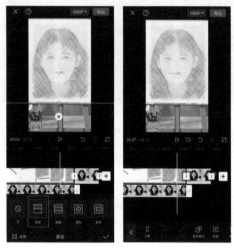

图7-61　　　　　　图7-62

11 选择"基础转场"分类下的"色彩溶解"效果，并将转场时长调节至1.5s，如图7-63所示。

12 加入转场效果后，将"复制01"素材结尾与转场效果开始时刻对齐，如图7-64所示。

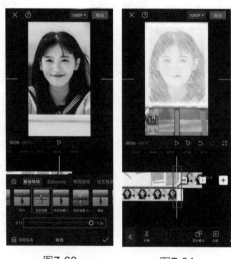

图7-63　　　　　　图7-64

13 点击界面下方的"特效"按钮⭐，添加"氛围"分类下的"星河"效果，如图7-65所示。

14 在未选中素材的状态下，依次点击下方选项栏中的"音频" ♪ →"音乐" ♫按钮，搜索"说我爱你的一百种方式"作为背景音乐，如图7-66所示。

图7-65　　　　　图7-66

15 如果"素描"素材或者"人像"照片素材自带音乐，则需要选中自带音乐的素材，然后点击"关闭原声"按钮，如图7-67所示。

16 为了让视频较为完整，最好在一句歌词唱完后结束。将时间线移动到该位置，点击界面下方的"分割"按钮⫴，选中后半段，点击"删除"按钮🗑，如图7-68所示。确定了背景音乐的长度也就确定了整个视频的长度。

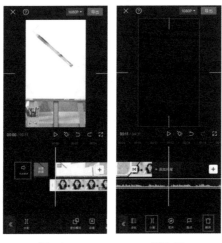

图7-67　　　　　图7-68

17 选中"人像"素材，并拖动其右侧的▯，使其长度比"音频"素材长一点，以防止黑屏情况，如图7-69所示。

18 点击下方选项栏的"特效"按钮✦，选中"特效"素材，将其末尾与视频末尾对齐，如图7-70所示。

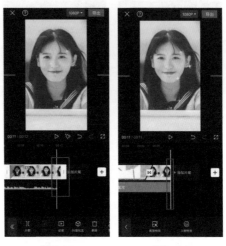

图7-69   图7-70

19 选中"音频"素材，点击下方选项栏中的"淡化"按钮▯，如图7-71所示。

20 将淡入与淡出时长均设置为1s左右，从而让视频的开始与结束都更加自然，如图7-72所示。

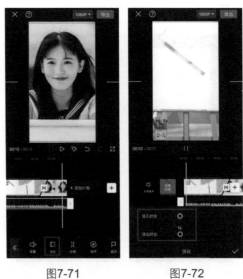

图7-71   图7-72

21 至此，就完成了制作素描画像渐变视频的操作。点击视频编辑界面右上角的 导出 按钮，将视频导出到手机相册，视频画面效果如图7-73和图7-74所示。

图7-73　　　　　　图7-74

7.4　制作遇见另一个自己视频

本实例主要讲解制作遇见另一个自己视频。下面以4个视频片段为基础，结合滤镜、动画、蒙版、变速、转场、音乐、定格等，制作出遇见另一个自己的视频效果。

01 打开剪映，导入一段视频素材。点击"画中画"按钮 图 →"新增画中画"按钮 + ，添加另一段视频素材。选中画中画素材，在预览区域将其放大至满屏，再点击"蒙版"按钮 回，选择"线性"蒙版，在预览区域旋转蒙版至90°，使它变成"竖线"，并移动线性蒙版至画面中间位置，适当调整羽化值，点击"确定"按钮 ✓，如图7-75所示。

02 选中画中画素材，在预览区域拖动以调整画面，使"楼梯"接近重合，如图7-76所示。

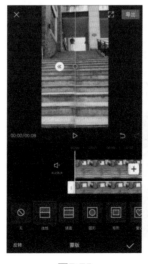 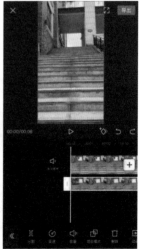

图7-75　　　　　　图7-76

03 将时间线移动至画面上方人物开始迈腿往下走的位置，选中视频素材，点击"分割"按钮 **][**，如图7-77所示，选中第一个视频素材，点击"删除"按钮 **□**，如图7-78所示。

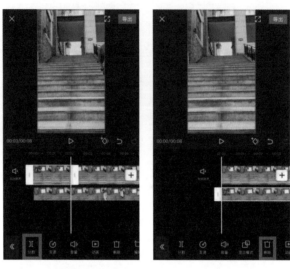

图7-77   图7-78

04 将时间线移动至画面下方人物开始出现手的位置，选中画中画素材，点击"分割"按钮 **][**，如图7-79所示，选中第一个画中画素材，点击"删除"按钮 **□**，如图7-80所示。

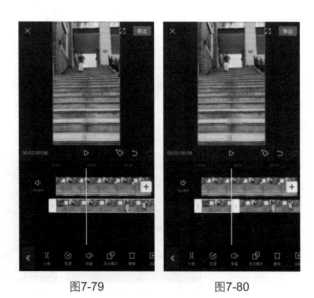

图7-79   图7-80

05 选中画中画素材，按住并向左拖动至视频起始处，然后按住画中画素材尾部的，向左拖动至与视频尾端对齐，如图7-81所示。操作完成后，把视频导出至手机相册。

06 重新打开剪映，导入上一步的视频素材和另外两个特写视频素材。点击"音频"按钮，→"提取音乐"按钮，导入准备好的音乐视频素材的音频。

07 选中音乐素材，点击"踩点"按钮，在第三秒节奏响起的位置和第五秒的位置，点击"添加点"按钮，点击"确定"按钮，如图7-82所示。

08 将时间线移动至预览区域出现两人对视的画面处，选中第一个视频素材，点击"定格"按钮，

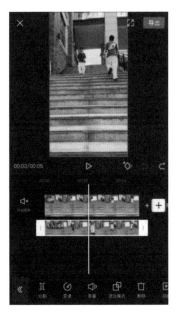

图7-81

然后选中定格图片后面的一个视频，点击"删除"按钮，如图7-83所示。

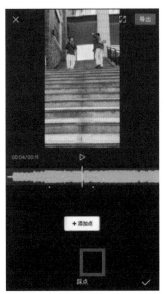

图7-82

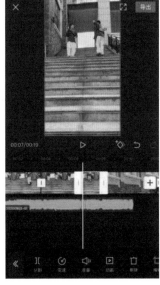

图7-83

09 选中音乐素材，向右拖动使第一个节奏点对齐定格图片的起始处。然后将时间线移动至音乐素材的起始处，选中第一个视频素材，点击"分割"按钮，如图7-84所示，选中第一个视频素材，点击"删除"按钮，如图7-85所示。

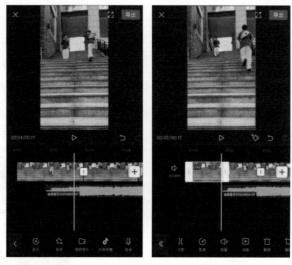

图7-84 　　　　　　　 图7-85

10　选中音乐素材，按住向左拖动至视频的起始处，如图7-86所示。

11　选中定格图片，然后按住尾部的▯，向左拖动至第二个节奏点处，如图7-87所示。

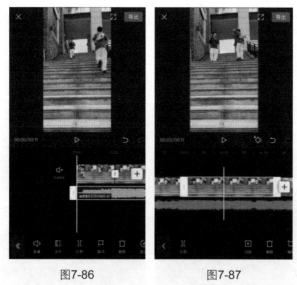

图7-86 　　　　　　　 图7-87

12　选中第一个特写视频，点击"变速"按钮◉，点击"常规变速"按钮◪，向左拖动至0.3×，点击"确定"按钮✓，如图7-88所示。

13　将时间线移动至视频第12s处，选中第一个特写视频，点击"分割"按钮▯，然后选中分割的前一段视频素材，点击"删除"按钮🗑；选中第一个特写视频，按住并向左拖动尾部的▯，将视频的时长调整为2.5s，如图7-89所示。

图7-88　　　　　　　　　图7-89

14　选中第二个特写视频，同样设置为0.3×的常规变速。将时间线移动至视频第15s处，选中第二个特写视频，点击"分割"按钮▯，然后选中分割的前一段视频素材，点击"删除"按钮▯，如图7-90所示。选中第二个特写视频，按住并向左拖动尾部的▯，将视频的时长调整为2.5s，如图7-91所示。

图7-90　　　　　　　　　图7-91

15　将时间线移至音乐素材尾端，选中第二个特写视频，点击"分割"按钮▯，然后选中分割的后一段视频素材，点击"删除"按钮▯，如图7-92所示。

16 将时间线移动至视频第9s处，选中第二个特写视频，点击"分割"按钮 ，如图7-93所示。

图7-92　　　　　　　　　图7-93

17 选中第一个特写视频素材，点击"复制"按钮 ，在未选中素材的状态下，点击"画中画"按钮 ，然后再选中复制的第一个特写视频素材，点击"切画中画"按钮 ，如图7-94所示。

18 按住画中画素材向右拖动，使画中画起始处对齐最后一个视频素材的起始处；选中画中画素材，按住尾部的 ，向左拖动至与最后一个视频尾端对齐，如图7-95所示。

图7-94　　　　　　　　　图7-95

19 选中画中画素材，点击"编辑"按钮 ⊡，点击"裁剪"按钮 ⊠，向下拖动上端的参考线至人物头顶，点击"确定"按钮 ☑；选中画中画素材，在预览区域向下拖动至预览区域一半的位置；选中最后一个视频素材，在预览区域向上移动参考线至人物头顶处，如图7-96~图7-98所示。

图7-96   图7-97   图7-98

20 点击第一个"转场"按钮 ｜，点击"基础转场"里的"闪白"，将"转场时长"滑块向右拖动至拉满，点击"应用到全部"按钮 ⊜，点击"确定"按钮 ☑，如图7-99所示。

21 选中定格图片，点击"动画"按钮 ▶，点击"入场动画"按钮 ⊡，选择"轻微放大"，将"动画时长"滑块向右拖动至拉满，点击"确定"按钮 ☑，如图7-100所示。

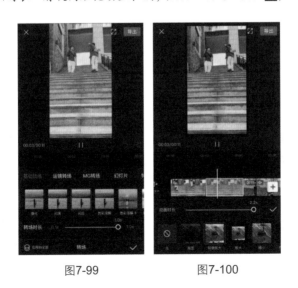

图7-99   图7-100

22 将时间线移动至视频起始处,点击"滤镜"按钮,点击"新增滤镜"按钮,选择"济州"滤镜,点击"确定"按钮;选中滤镜素材,按住尾部的,向右拖动至与最后一个视频尾端对齐,如图7-101和图7-102所示。

图7-101　　　　　　　　图7-102

23 至此,就完成了制作遇见另一个自己视频的操作。点击视频编辑界面右上角的 导出 按钮,将视频导出到手机相册,视频画面效果如图7-103和图7-104所示。

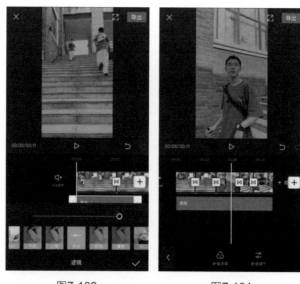

图7-103　　　　　　　　图7-104

7.5　蒙版音乐卡点视频

本实例主要效果是让画面随着音乐卡点出现并发生变化，很适合人物介绍或记录生活。此实例主要运用了蒙版以及关键帧功能，简单操作便能剪出优质视频。下面为具体操作。

01　打开剪映，点击"开始创作"⊞，导入素材库中的"黑底"照片素材，如图7-105所示。

02　将时间线定位至视频开头，点击"音频"按钮♪，然后点击"音乐"♬，选择"卡点"分类中如图7-106所示音乐。

图7-105　　　　　　　　　图7-106

03　选中"音频"素材，点击下方选项栏中的"踩点"按钮⊟，如图7-107所示添加11个节奏点。

04　将时间线定位至第10个和第11个节奏点中间，选中音频素材，点击"分割"按钮⫴，并删除后面部分，如图7-108所示。

05　在未选中素材的状态下，点击"贴纸"按钮◔，在搜索栏搜索"尺子"，添加如图7-109所示贴纸。

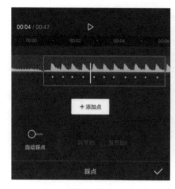

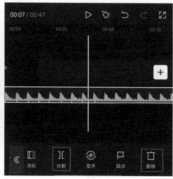

图7-107   图7-108   图7-109

06 放大贴纸素材，利用尺子的刻度将画面均分为5部分，如图7-110所示。

07 将时间线定位至第一个节奏点，在未选中素材的状态下点击"画中画"按钮 ⬚，添加图片素材"01"，并延长其时长与音乐保持一致，如图7-111所示。

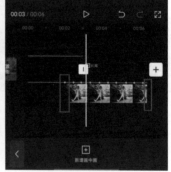

图7-110   图7-111

08 选中"01"，点击下方选项栏中的"蒙版"按钮 ⬚，选择"镜像"蒙版，将蒙版旋转90°，调整宽度为"1cm"，如图7-112所示，然后在预览区中拖动"01"至画面最左端。

09 选中"01"，点击"复制"按钮 ⬚，获得"02"。按住"02"并拖动其开头与第三个小黄点对齐，然后点击"替换"按钮 ⬚，将其替换成第二张图片，如图7-113所示。

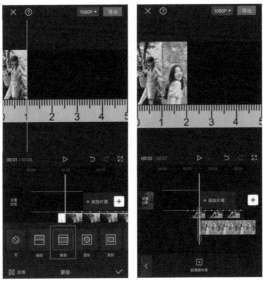

图7-112   图7-113

10 重复09步骤，获得素材"03""04""05"，分别拖动"03""04""05"将其开头与第5个、第7个、第9个节奏点对齐，如图7-114所示。

11 拖动素材"02""03""04""05"尾部⬚，使其与素材"01"尾端保持一致，如图7-115所示。完成此步操作后，便可把"尺子"贴纸删除。

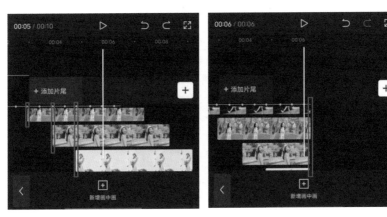

图7-114   图7-115

12 选中"01"，在第二个节奏点处点击关键帧按钮◇，如图7-116所示。

13 将时间线定位至第二个节奏点稍前一点的位置，点击"调节"按钮，将亮度调节至"负25"，然后点✓保存，如图7-117和图7-118所示。

| 图7-116 | 图7-117 | 图7-118 |

14 重复12与13步骤，在"02""03""04""05"所对应的第二个节奏点打上关键帧，并在稍前一些的地方调暗亮度。

15 将时间线定位至视频开头，在未选中素材的状态下点击"文字"按钮T，点击"文字模板"按钮A，选择如图7-119所示模板。

图7-119

16 选中文本素材，拖动其右端▯，使其时长与音乐一致，如图7-120所示。

17 点击"动画"按钮◎，将文本素材出场动画时间延长至2s，如图7-121所示。

图7-120

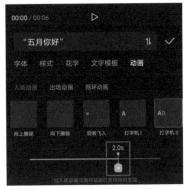

图7-121

18 至此，就完成了制作蒙版卡点出场视频的操作。点击视频编辑界面右上角的 导出 按钮，将视频导出到手机相册，视频画面效果如图7-122和图7-123所示。

图7-122

图7-123

第8章

高级感片头：
让视频与众不同

短视频的片头非常重要，片头足不足够吸引人，能在很大程度上影响视频的播放数据。本章收集了五种精彩的开场视频，并详细介绍了制作过程。过程浅显易懂，综合使用了剪映各方面的功能，在制作视频的同时，读者也能在一定程度上提高对剪映运用的熟练程度。

8.1 高级感文字切割片头

在影视作品中，字幕是必不可少的元素，但字幕不仅仅能用于解释说明，掌握好字幕功能，也能利用字幕制作出具有高级感的文字切割片头。本实例主要利用文字、画中画、关键帧、蒙版等功能制作开场短视频。

01 打开剪映，点击"开始创作" ➕，从剪映素材库中导入"黑底"图片素材，并延长其时长为6s，如图8-1和图8-2所示。

02 将时间线定位至视频开端，在未选中素材的状态下点击"文

图8-1　　　　　　图8-2

字"按钮 T，如图8-3所示，点击"新建文本"按钮 A+，在输入框中输入"GOLD-EN SEPTEMBER"（金色九月），点击"字体"，在"英文"分类下选择如图8-4所示字体。

图8-3　　　　　　图8-4

03 选中"文字"素材，在预览区域将其放大，并使素材首字母置于画面最左端，完成后，在视频开端添加一个关键帧 ◇，如图8-5所示。

04 按住"文字"素材尾端⬚，拖动其与"黑底"素材尾端对齐，完成后，将时间线定位至"文字"素材尾端，然后在预览区域拖动素材，使素材尾字母置于画面最右端，如图8-6所示。此时文字滚动效果便做好了，导出备用。

05 选中"黑底"素材，点击下方工具栏中的"替换"按钮，替换为"绿底"素材，如图8-7所示。选中"文字"素材，删除尾端关键帧，然后将字体颜色改为红色，完成后再重新在预览区域拖动素材，以添加尾端关键帧，如图8-8所示。完成后导出备用，获得"黑底白字"素材。

图8-5　　　　　　　　图8-6

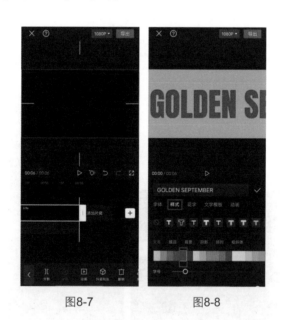

图8-7　　　　　　　　图8-8

06 新建项目后，点击"画中画"按钮⊡，导入"黑底白字"素材，铺满画面后点击"混合模式"按钮⊡，选择"变暗"，如图8-9～图8-11所示，此时画面镂空效果完成，再次导出备用，获得"镂空文字"素材。

图8-9   图8-10   图8-11

07 新建项目后，点击"画中画"按钮▣，导入"绿地红字"素材，铺满画面后点击"抠像"按钮▣，选择"色度抠图"▣，取色系选绿色，强度滑至100，如图8-12和图8-13所示。

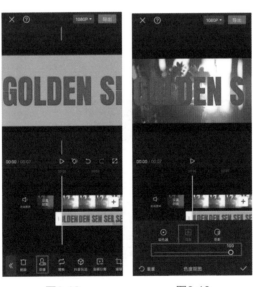

图8-12   图8-13

08 再次点击"画中画"按钮▣，导入"镂空文字"素材并铺满画面，如图8-14所示。

09 选中"镂空文字"素材，在开端添加一个关键帧◇，然后移动时间线至1s

处，点击"蒙版"按钮，选择"镜面"蒙版，在预览区域旋转蒙版至斜对角线并拉开适当宽度，完成后添加关键帧，如图8-15所示。

图8-14　　　　　　　　图8-15

10 移动时间线至3s处，旋转蒙版一圈至水平并完全打开，此时自动添加了第三个关键帧，如图8-16所示。

11 移动时间线至4s处，双指缩放蒙版至只有一条直线，此时添加了第四个关键帧，如图8-17所示。完成后将第四个关键帧后面的画面点击"分割"按钮后点击"删除"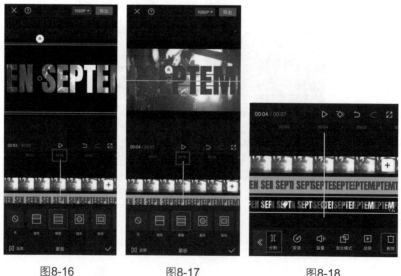按钮，如图8-18所示。

图8-16　　　　　　图8-17　　　　　　图8-18

12 点击"动画"
按钮 ▶，为"镂空文
字"素材添加"放大"
的入场动画，并将出场
时间调整为0.6s，如图
8-19和图8-20所示。

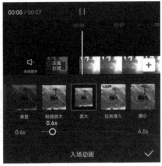

13 至此，就完成
了制作高级感文字切割
片头视频的操作。点击

图8-19　　　　　　　　图8-20

视频编辑界面右上角的 导出 按钮，将视频导出到手机相册，视频画面效果如图
8-21～图8-23所示。

图8-21　　　　　　　图8-22　　　　　　　图8-23

8.2　大气开场视频

本实例利用变速、画中画、特效、文字等功能制作
大气磅礴的开场视频，适合运用在宣传片或预告片。下
面为制作大气开场视频的具体操作。

01 打开剪映，点击"开始创作" ⊞，导入四段视频
素材，并依序命名为"01"～"04"，如图8-24所示。

02 将时间线定位至视频开端，依次点击"音频"按
钮 ♪→"音乐"按钮 ♫，添加本地音乐，如图8-25和图8-26
所示。

图8-24

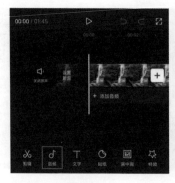

图8-25　　　　　　　　　　图8-26

03　选中"音频"素材，点击"踩点"🚩，在8s处及8s前鼓声较重的地方手动踩点，8s后在有"嘀嗒"声处进行踩点，如图8-27和图8-28所示。

图8-27　　　　　　　　　　图8-28

04　选中素材"01"，点击下方工具栏中的"变速"按钮⏱，点击"曲线变速"按钮📈，选择"英雄时刻"。其余素材同样进行变速处理，素材"02"添加"子弹时间"变速；素材"03"添加"闪进"变速；素材"04"添加"闪出"变速。如图8-29～图8-33所示。

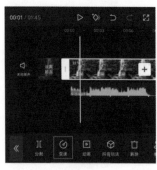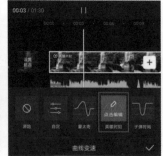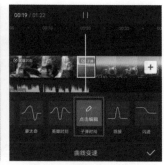

图8-29　　　　　　图8-30　　　　　　图8-31

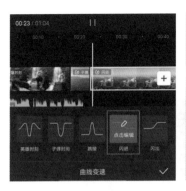
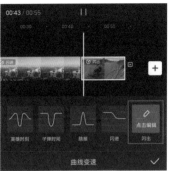

图8-32 图8-33

05 调整每段素材尾端分别与四个节奏点对齐，如图 8-34所示。

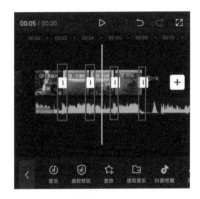

图8-34

06 将时间线定位至素材"04"开端，点击"特效"按钮，点击"画面特效"按钮，添加"动感"分类下的"蹦迪光"特效，并调整其时长与素材"04"一致，如图8-35～图8-37所示。

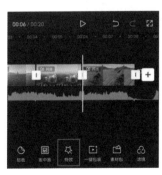

图8-35 图8-36 图8-37

213

07 点击素材与素材之间的"转场"按钮 $\boxed{\text{I}}$，添加转场效果。素材"01"与"02"、素材"02"与"03"之间添加"运镜"分类下的"推近"转场，素材"03"与"04"之间添加"特效"分类下的"光束"特效，如图8-38~图8-40所示。

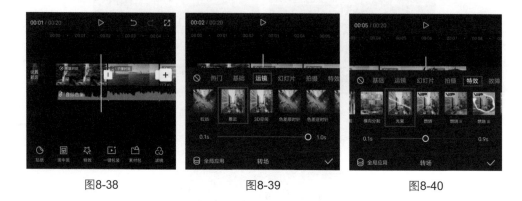

图8-38　　　　　　　　　　图8-39　　　　　　　　　　图8-40

08 选中素材"03"，按住右端 $\boxed{}$ 向右拖动，使转场按钮与节奏点对齐，如图8-41所示。

09 点击右端 $\boxed{+}$ 添加"黑底01"与"黑底02"两个图片素材，并调整其时长分别与第五个、第八个节奏点对齐，如图8-42所示。

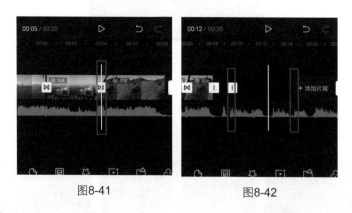

图8-41　　　　　　　　　　图8-42

10 将时间线定位至第四个节奏点，点击"文字"按钮 $\boxed{\text{T}}$ ，点击"新建文本"按钮 $\boxed{\text{A+}}$ ，在输入框中输入"TO MEET YOURSELF"（遇见你自己），并调整其尾端与第五个节奏点对齐，如图8-43和图8-44所示。完成后，将时间线定位至第四个节奏点，再次点击"新建文本"按钮 $\boxed{\text{A+}}$ ，在输入框中输入"MEET"（相遇），并调整其尾端与第六个节奏点一致，如图8-45所示。

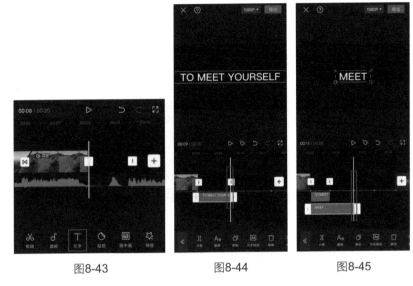

图8-43 图8-44 图8-45

11 选中"TO MEET YOURSELF"，在预览区域将其拖动至画面中心，完成后，选中"MEET"，使其与"TO MEET YOURSELF"中的"MEET"重合，如图8-46所示。

12 将时间线定位至第五个节奏点，点击"文字"按钮T，点击"新建文本"按钮A+，在输入框中输入"THE WORLD"（世界），并调整其时长与第七个节奏点一致，如图8-47所示。

图8-46 图8-47

13 选中"TO MEET YOURSELF"，点击"动画"按钮◎，为其设置时长为0.5s的"发光模糊"入场动画与时长为0.5s的"渐隐"出场动画。重复上述操作，为

"MEET"设置时长为0.5s的"发光模糊"入场动画与时长为1s的"渐隐"出场动画，为"THE WORLD"设置时长为1s的"渐隐"出场动画，如图8-48～图8-52所示。

| 图8-48 | 图8-49 | 图8-50 |

| 图8-51 | 图8-52 |

14 选中"MEET"并将时间线定位至第五个节奏点前0.5s的位置，添加"关键帧"，如图8-53所示。完成后，将时间线定位至第五个节奏点，在预览区域将"MEET"移至"TO"的位置，如图8-54所示，此时已自动添加关键帧。

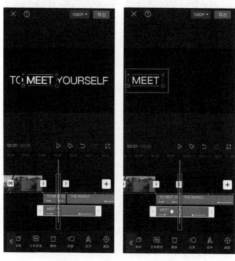

| 图8-53 | 图8-54 |

15 调整"THE WORLD"在预览区域的位置，使其能与"MEET"素材合成"MEET THE WORLD"（遇见世界），如图8-55所示。

16 将时间线定位至第八个节奏点处，添加三段视频素材，并依序命名为"05"~"07"，点击"转场"按钮 I ，为新增素材剪添加"拍摄"分类下的"眨眼"转场，如图8-56所示。完成后调整素材尾端分别与第九至十一个节奏点对齐，如图8-57所示。

图8-55

图8-56

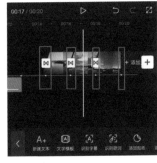

图8-57

17 点击 + 按钮，添加"黑底03"照片素材，并调整其尾端与"音频"素材尾端一致。完成后，将时间线定位至第十一个节奏点处，点击"文字"按钮 T ，点击"新建文本"按钮 A+ ，在输入框中输入"END"（结束），并调整尾端与音频素材尾端一致，如图8-58所示。

18 选中"END"素材，为其添加时长为0.5s的"渐隐"出场动画，如图8-59所示。

图8-58

图8-59

19 至此，就完成了制作大气开场片头视频的操作。点击视频编辑界面右上角的 导出 按钮，将视频导出到手机相册，视频画面效果如图8-60和图8-61所示。

图8-60

图8-61

8.3 层叠文字开场

具有创意的视频开场总能吸引观众观看。本实例利用调整文字的透明度达到文字层叠的效果，让人眼前一亮。下面为制作层叠文字开场的具体操作。

01 打开剪映。在素材库中导入一张"黑底"照片素材，如图8-62所示。

02 将时间线定位至视频开端，在未选中素材的状态下，点击下方工具栏中的"文字"按钮 T，点击"新建文本"按钮 A+，在文字输入框中输入"分享热爱"，并将字体设置为"创意"分类下的"未来黑"，如图8-63和图8-64所示。

图8-62

图8-63

图8-64

03 选中"文字"素材，点击"动画"按钮◉，为其添加"向下溶解"且时长为1s的入场动画，如图8-65和图8-66所示。完成后，在预览区域调整下"文字"素材大小，然后向下拖动，预留层叠文字的空间，如图8-67所示。

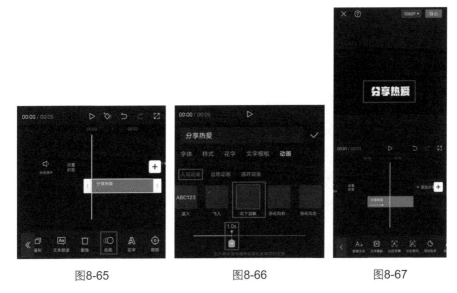

图8-65　　　　　　　　　图8-66　　　　　　　　　图8-67

04 选中"文字"素材，点击"复制"按钮▣，获得素材"01"，如图8-68所示。完成后，在预览区域将素材"01"向上拖动，并在样式中将其透明度调整为40%，如图8-69所示。完成后，将素材"01"的入场动画改为"向上滑动"，如图8-70所示。

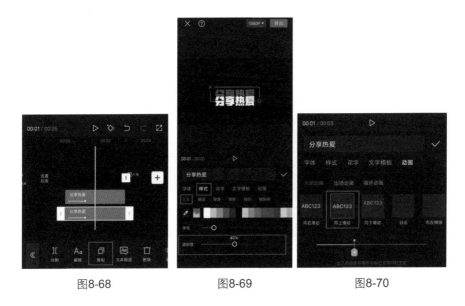

图8-68　　　　　　　　　图8-69　　　　　　　　　图8-70

05 选中素材"01"，复制获得素材"02"。完成后，在预览区域中将素材"02"向上拖动，并在样式中将透明度调整为15%，如图8-71所示。

06 将时间线定位至视频开端，点击"文字"按钮 T，在文字输入框中输入"FEN XIANG RE AI"获得"拼音"素材，并在预览区域中调整其大小与位置。完成后，点击"动画"按钮 ，为其添加"收拢"的入场动画，并将时长拉满，如图8-72和图8-73所示。

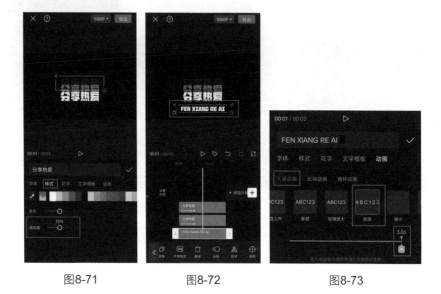

| 图8-71 | 图8-72 | 图8-73 |

07 选中素材"01"，按住素材首端，向右拖动1s，完成后选中素材"02"，按住素材首端，向右拖动2s，如图8-74所示。

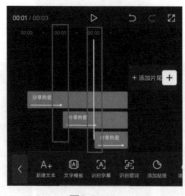

图8-74

08　点击右侧 ⊞ 按钮，添加素材库中的"白底"照片素材，如图8-75所示。

09　点击"黑底"与"白底"素材之间的"转场"按钮 ▯，添加"叠化"转场并设置时长为0.1s，如图8-76和图8-77所示。完成后将视频导出，获得"叠化文字"素材。

图8-75

图8-76

图8-77

10　新建项目，添加"大海"视频素材。点击"画中画"按钮 ▣，添加"叠化文字"素材，并放大至铺满画面，如图8-78和图8-79所示。

11　选中"叠化文字"素材，点击"混合模式"按钮 ▣，选择"变暗"，如图8-80所示。

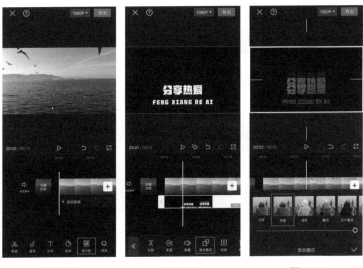
图8-78　　　　　图8-79　　　　　图8-80

12 至此，就完成了制作层叠文字开场视频的操作。点击视频编辑界面右上角的 导出 按钮，将视频导出到手机相册，视频画面效果如图8-81和图8-82所示。

图8-81

图8-82

8.4 炫酷特效开场

本实例具有视觉上的冲击性，配合音乐的节奏很容易给观众留下深刻印象。制作酷炫特效开场主要运用画中画、蒙版、特效等功能。下面为具体操作。

01 打开剪映，导入剪映素材库中的"黑底"照片素材，如图8-83所示。

02 选中"黑底"素材，拖动尾端的 ，将时长调整为5s，如图8-84所示。

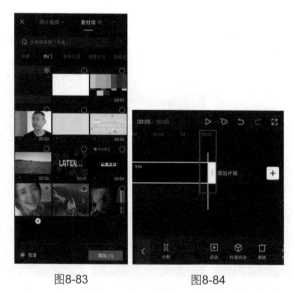

图8-83   图8-84

03 将时间线定位至视频开端，在未选中素材的状态下点击"画中画"按钮 ，点击"新增画中画"按钮 ，添加"城市"视频素材并放大铺满画面，如图

8-85和图8-86所示。

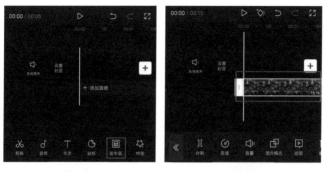

图8-85　　　　　　　　　　图8-86

04 选中"城市"素材，调整其时长与"黑底"素材一致。完成后，点击"复制"按钮□，将"城市"素材复制三段，获得素材"城市01""城市02"与"城市03"，并调整所有素材首尾一致，如图8-87～图8-89所示。

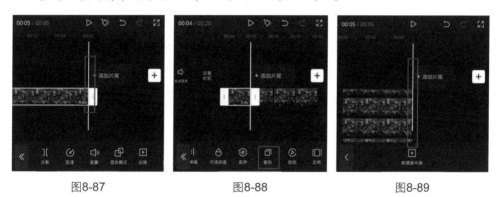

图8-87　　　　　　图8-88　　　　　　图8-89

05 选中素材"城市01"，拖动其左端□，调整其时长为4s。重复上述操作，将素材"城市02"时长调整为3s，将素材"城市03"时长调整为2s，如图8-90和图8-91所示。

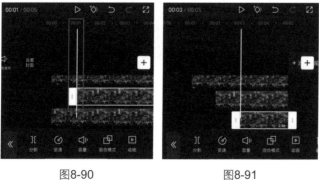

图8-90　　　　　　　　　　图8-91

06 选中素材"城市",点击下方工具栏中的"蒙版"按钮 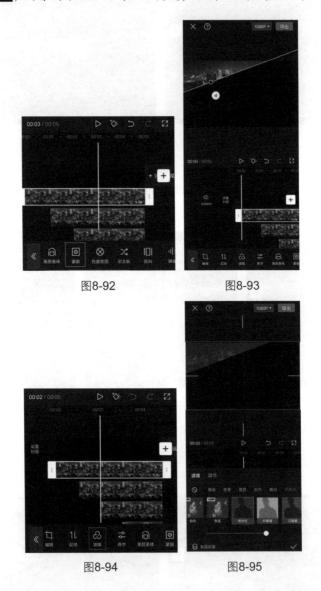,选择"线性"蒙版,并在预览区域中拖动蒙版至左上角,如图8-92和图8-93所示。完成后,点击"滤镜"按钮 ,为素材添加"绝对红"滤镜,如图8-94和图8-95所示。

图8-92   图8-93

图8-94   图8-95

07 选中素材"城市01",为其添加"线性"蒙版,并在预览区域中拖动蒙版至右下方,如图8-96所示。完成后,点击"滤镜"按钮 ,为素材添加"褪色"滤镜,如图8-97所示。

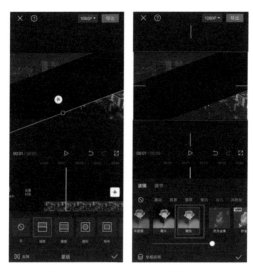

图8-96 图8-97

08 选中素材"城市02"，为其添加"镜面"蒙版，并在预览区域中拖动蒙版与素材"城市01"的"线性"蒙版相邻，如图8-98所示。完成后，为素材添加"黑金"滤镜，如图8-99所示。

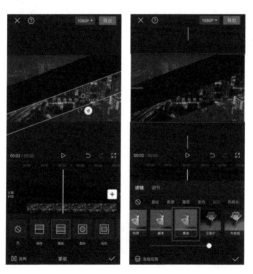

图8-98 图8-99

09 选中素材"城市03"，为其添加"镜面"蒙版，并在预览区域中填补空缺的画面，如图8-100所示。完成后，为素材添加"仲夏"滤镜，如图8-101所示。

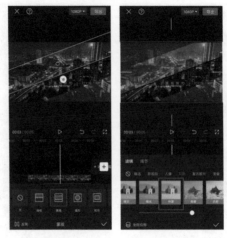

图8-100　　　　　图8-101

10 选中素材"城市"，点击"动画"按钮，为其添加"动感缩小"的入场动画，如图8-102和图8-103所示。其余素材也添加相同的入场动画。

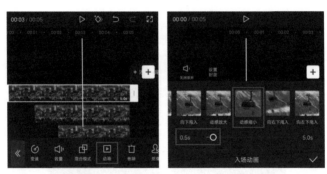

图8-102　　　　　　　　　图8-103

11 将时间线定位至3s的位置，在未选中素材的状态下，点击"特效"按钮，点击"画面特效"按钮，在"动感"栏中添加"视频分割"特效，并点击"作用对象"，设置为全局应用，如图8-104～图8-106所示。

图8-104　　　　　　图8-105　　　　　　图8-106

12 至此，就完成了制作炫酷特效开场视频的操作。点击视频编辑界面右上角的 导出 按钮，将视频导出到手机相册，视频画面效果如图8-107和图8-108所示。

图8-107   图8-108

8.5 圆形扫描开场

本案例能使视频错位扫描出现，具有很强的趣味性，适合运用在各种Vlog。下面为制作圆形扫描开场的具体操作。

01 打开剪映，导入视频素材"01"。

02 将时间线定位至视频开端，在未选中素材的状态下，点击下方工具栏中的"贴纸"按钮 🕔，如图8-109所示，点击"添加贴纸"按钮 🕔，在搜索框中搜索"十字"并添加如图8-110所示贴纸。

图8-109   图8-110

03 选中素材"01"，在预览区域将其缩小，并拖动至画面左上角，使其占据画面的四分之一，如图8-111所示。

04 点击"复制"按钮 ▣，将素材"01"复制三份，得到素材"02""03""04"。依次选中"02""03""04"，点击"切画中画"按钮 ✕，完成后，调整素材在轨道区域中的位置，使所有素材首尾对齐，如图8-112和图8-113所示。

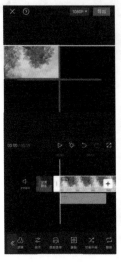

图8-111

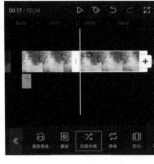

图8-112

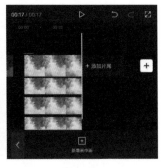

图8-113

05 选中素材"02"，在预览区域中拖动其至右上角，占据画面四分之一。选中"03"，拖动其至左下角，选中"04"，拖动其至右下角，如图8-114所示。完成后便可以将"十字"贴纸删除。

06 在素材"02""03""04"的开端都添加一个关键帧 ◇，这样替换素材的时候，素材在预览区域中的大小与位置都不会发生变化。关键帧添加好后，点击"替换"按钮，替换"02""03""04"的视频素材，如所图8-115所示。

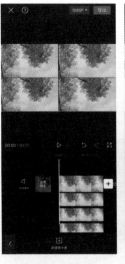

图8-114

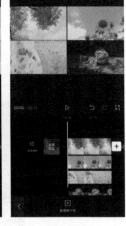

图8-115

07 将时间线定位至视频开端，选中素材"01"，点击"蒙版"按钮⬛，选中"线性"蒙版，在预览区域中将蒙版移动至画面最上端，并使圆圈位于画面左上角，完成后添加关键帧。如图8-116和图8-117所示。

08 将时间线移至3s的位置，在预览区域中将蒙版顺时针旋转90°，此时自动添加了关键帧，如图8-118所示。

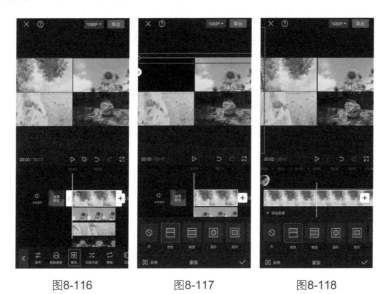

图8-116   图8-117   图8-118

09 重复07步与08步的操作，对素材"02""03""04"进行相似处理。处理素材"02"时，"线性"蒙版圆圈处于画面右上角，旋转时是逆时针旋转90°；处理素材"03"时，将"线性"蒙版拖动至画面最下端，并使圆圈处于画面左下角，然后点击"反转"按钮，旋转时是逆时针旋转90°；处理素材"04"时，与处理素材"03"相似，只是"线性"蒙版圆圈处于画面右下角，旋转时是顺时针旋转90°。如图8-119～图8-124所示。

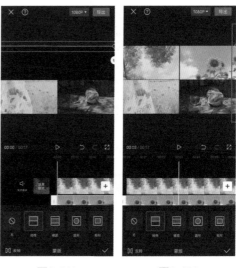

图8-119   图8-120

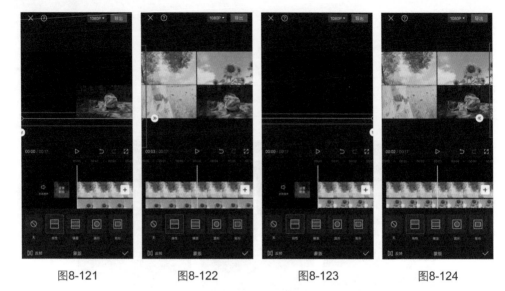

| 图8-121 | 图8-122 | 图8-123 | 图8-124 |

10 素材处理好后，选中素材"02""03"，拖动其开端至3s的位置，如图8-125所示，此时完成了错位显示的效果。

11 将时间线定位至7s的位置，在未选中素材的状态下，点击"新增画中画"按钮 ，添加视频素材"05"并放大铺满画面，如图8-126和图8-127所示。

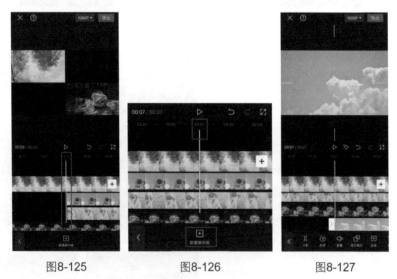

| 图8-125 | 图8-126 | 图8-127 |

12 选中素材"05"，点击"蒙版"按钮 ，添加"圆形"蒙版并在预览区域将蒙版缩小至最小的状态，然后在素材开端添加一个关键帧，如图8-128所示。将时间线定位至11s的位置，在预览区域中将"圆形"蒙版放大至铺满画面，此时已自动添加关键帧，如图8-129所示。

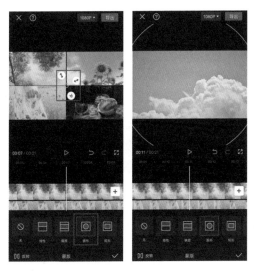

图8-128　　　　　　　图8-129

13 将素材"05"复制一份，获得素材"06"，并将素材"06"替换为"白底"照片素材。完成后，调整素材"05""06"首尾对齐，并使"05"层级大于"06"，如图8-130～图8-132所示。完成后，选中素材"06"，在第一个关键帧位置，将"圆形"蒙版稍微放大一点，以达到制作白边的效果，如图8-133所示。

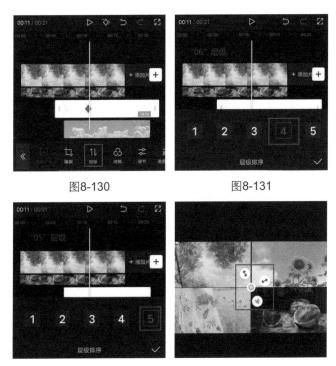

图8-130　　　　　　　图8-131

图8-132　　　　　　　图8-133

14 将时间线定位至7s的位置，点击"文字"按钮 T ，如图8-134所示，点击 "文字模板"按钮 A ，添加"手写字"特效，如图8-135所示。

15 选中"文字模板"素材，点击"动画"按钮 ，为其设置时长为3s的"放大"入场动画，如图8-136所示。

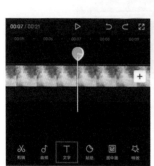
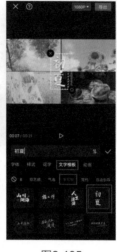
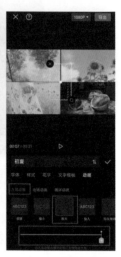

图8-134　　　　　　　图8-135　　　　　　　图8-136

16 至此，就完成了制作圆形扫描开场视频的操作。点击视频编辑界面右上角的 导出 按钮，将视频导出到手机相册，视频画面效果如图8-137和图8-138所示。

图8-137　　　　　　　　　　　　　　图8-138

扫码观看
本章视频

第9章

日常短视频模板：
精心记录每一天生活

　　每个人的生活都是独一无二的，都是值得去细心记录的。本章选取了五种适合应用在日常生活中的短视频模板，包括旅行、日常生活、城市展示、运动以及毕业季模板。一段日常拍摄的影像可以借助模板剪辑出精美的视频，让生活充满美景。

9.1 高级旅行记录模板

每个人都有自己的诗和远方，遇到美景总是忍不住想要记录下来。高级旅行记录模板主要运用画中画、关键帧、滤镜、特效、文字等功能，来记录旅行中的每一处美景。下面为制作高级旅行记录模板的具体操作。

01 打开剪映，在主界面中点击"开始创作"按钮 **+**，进入素材添加界面，依序选择需要添加的6个视频素材和一个图片素材，并依序命名为"01"～"07"，点击"添加"按钮，如图9-1和图9-2所示。如果图片素材不在最后，则将其与最后一个素材进行替换。

图9-1   图9-2

02 将时间线定位至视频首端，依次点击"音频"按钮 **♪** → "音乐"按钮 **♪**，导入本地音乐，如图9-3和图9-4所示。

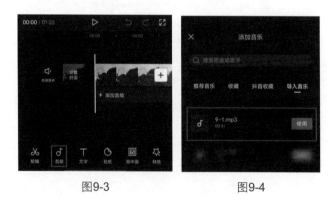

图9-3   图9-4

03 选中音频素材，点击下方工具栏中的"踩点"按钮 🏳，在波峰最低与最高的地方手动添加13个节奏点，如图9-5所示。

04 选中素材"01"，拖动其尾端与第二个节奏点保持一致，重复上述操作，使素材"02""03""04""05""06"尾端分别与第四、六、八、十、十二个节奏点保持一致，素材"07"尾端则与"音频"素材尾端保持一致，如图9-6所示。

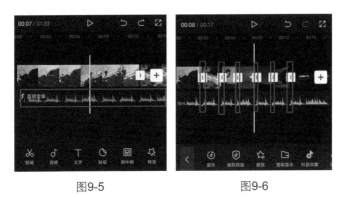

图9-5　　　　　　　　图9-6

05 选中素材"01"，点击下方工具栏中的"编辑"按钮 🔲，点击"裁剪"按钮 🔲，将视频比例裁剪为"2.35∶1"，如图9-7和图9-8所示，后面所有素材皆将比例裁剪为"2.35∶1"。

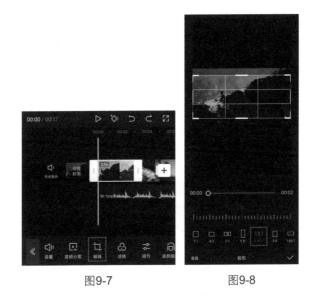

图9-7　　　　　　　　图9-8

06 选中素材"01"，将时间线定位至第一个节奏点处，点击下方工具栏中的"分割"按钮 🔲，如图9-9所示。重复上述操作，使素材"02""03""04""05""06""07"尾端分别在第三、五、七、九、十一、十三个节奏点处进行分割，如

图9-10所示。

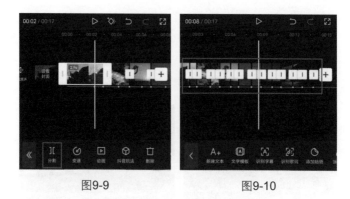

图9-9　　　　　　　　　图9-10

07　将时间线定位至视频首端，在未选中素材的状态下点击"特效"按钮，选择"画面特效"，添加"分屏"分类下的"两屏分割"特效，"特效"素材尾端与第一个节奏点一致，如图9-11～图9-13所示。

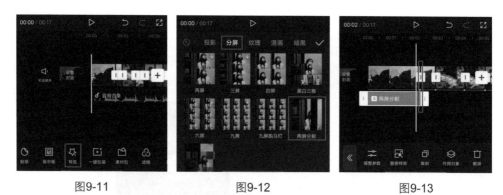

图9-11　　　　　　　　图9-12　　　　　　　　图9-13

08　选择特效，点击"复制"按钮，将特效复制6段，分别与第三、五、七、九、十一、十三个节奏点前的素材保持首尾一致，如图9-14和图9-15所示。

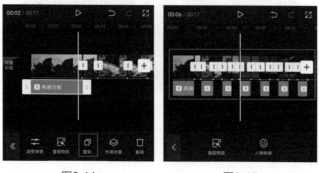

图9-14　　　　　　　　　图9-15

09 如果"分屏"特效时长过短导致特效未能完整展现，则可以选中该特效，点击下方工具栏中的"调整参数"按钮 ⇥⇤，向右拖动"速度"滑块，使特效能在画面结束前完成展现，如图9-16和图9-17所示。此处可以统一将"速度"调整为"80"。

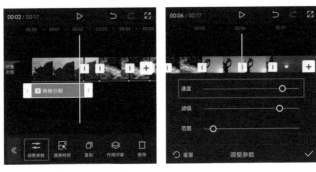

图9-16　　　　　　　　图9-17

10 将时间线定位至视频的首端，在未选中素材的状态下点击"文字"按钮 T，如图9-18所示。选择"文字模板" A，添加"片头标题"分类下如图9-19所示模板，并在文字输入框中输入"NO.1"。完成后，使其尾端与第一个节奏点一致，然后在预览区域将其缩小并拖动至合适的位置，如图9-20所示。

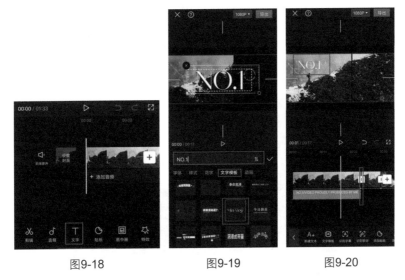

图9-18　　　　　　图9-19　　　　　　图9-20

11 选中"NO.1"素材，点击下方工具栏中的"复制"按钮 ▢，将其复制6次。复制完后，将复制得到的素材分别修改为"NO.2""NO.3""NO.4""NO.5""NO.6""NO.7"，并分别与第三、五、七、九、十一、十三个节奏点前的素材首尾对齐，如图9-21和图9-22所示。

图9-21 图9-22

12 选中最后一个素材，在素材首端添加关键帧，如图9-23所示，完成后将时间线往后拖动2s，并将画面稍微放大，如图9-24所示。

13 将时间线定位至最后一个素材的首端，在未选中素材的状态下，点击"文字"按钮T，点击"文字模板"A，添加"时间地点"分类下如图9-25所示模板。添加后，按住"时间地点"模板右端，使其尾端与"音频"素材尾端保持一致，如图9-26所示。

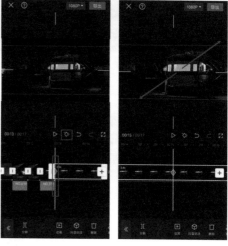

图9-23 图9-24

图9-25 图9-26

14 选中"时间地点"模板，将内容修改为自己喜欢的文字，完成后在预览区域将其缩小并拖动至画面中心，如图9-27和图9-28所示。

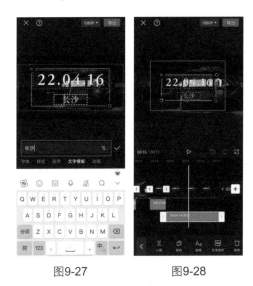

图9-27　　　　　　图9-28

15 至此，就完成了制作高级旅行记录模板的操作。点击视频编辑界面右上角的 导出 按钮，将视频导出到手机相册，视频画面效果如图9-29和图9-30所示。

图9-29　　　　　　　　　　　　　图9-30

9.2　高级夏日碎片模板

夏日炎炎，虽然高温，但是也充满了独属于夏天的美好。清凉的泳池、冰镇的西瓜，一切都充满了夏天的气息。高级夏日碎片模板运用音乐卡点、蒙版、特效、文字等功能，可以打造一个独一无二的夏天。下面为制作高级夏天碎片模板的具体操作。

01 打开剪映，在主界面中点击"开始创作" + 按钮，进入素材添加界面，选择需要添加的10个视频素材，并依序命名为"01"~"10"，点击"添加"按钮，如图9-31所示。

02 将时间线定位至视频开端，依次点击"音频"按钮♪→"音乐"按钮♪，添加本地音乐，如图9-32和图9-33所示。

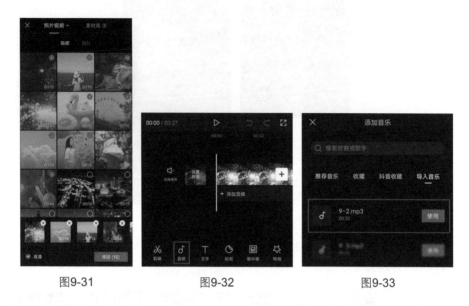

图9-31　　　　　　　图9-32　　　　　　　图9-33

03 选中"音频"素材，点击下方工具栏中的"踩点"按钮⚑，点击"自动踩点"，选择"踩节拍Ⅰ"，如图9-34和图9-35所示。完成自动踩点的操作后，再手动去除1个节奏点、添加2个节奏点，如图9-36所示。

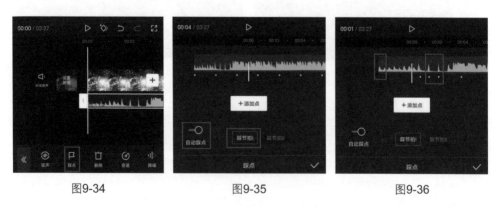

图9-34　　　　　　　图9-35　　　　　　　图9-36

04 选中素材"01"，向左拖动其右侧▯，使其尾端与第一个节奏点对齐，如图9-37所示。然后选中素材"02"，使其尾端与第四个节奏点对齐，如图9-38所示。其余素材皆拖动尾端与节奏点对齐，素材"10"与音乐尾端对齐，如图9-39所示。

图9-37

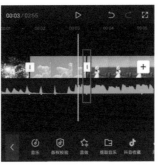

图9-38

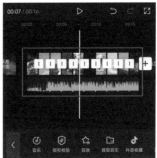

图9-39

05 选中素材"01"，点击下方工具栏中的"编辑"按钮，点击"裁剪"按钮，将视频比例裁剪为"2.35：1"，如图9-40和图9-41所示，后面所有素材皆将比例裁剪为"2.35：1"。

06 将时间线定位至视频首端，在未选中素材的状态下，点击"文字"按钮，如图9-42所示，点击"新建文本"按钮，输入"夏日·时光·碎片"，并选择如图9-43所示字体。

图9-40

图9-41

图9-42

图9-43

07 选中"文字"素材，拖动其右侧，使其与音乐尾端对齐，如图9-44所示。完成上述操作后，在预览区域对"文字"素材大小进行调整，并将其拖动至合适的位置，以对视频进行修饰，如图9-45所示。

图9-44　　　　图9-45

08 将时间线定位至视频首端，点击"文字模板"按钮，添加"手写字"分类下的如图9-46所示模板。添加完成后，拖动使其与素材"01"首尾一致。完成后，在预览区域调整文字模板的大小，并将其拖动至画面中央，如图9-47所示。

09 选中素材"02"，点击下方工具栏中的"复制"按钮，将其复制2次，得到素材"复制01""复制02"，如图9-48所示，然后将复制得到的两个素材通过"切画中画"按钮切入画中画，并与素材"02"首尾对齐，如图9-49和图9-50所示。

图9-46　　　　图9-47

图9-48　　　　图9-49　　　　图9-50

10 选中素材"复制01"，将时间线移至第2个节奏点，点击下方工具栏中的"分割"按钮❚，然后删除前面的部分，如图9-51所示。仿照上述操作，选中素材"复制02"，将时间线定位至第3个节奏点，点击"分割"❚按钮并删除前面的部分，如图9-52所示。

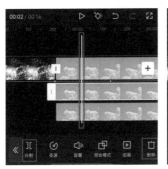

图9-51

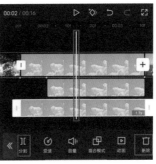

图9-52

11 选中素材"02"，点击下方工具栏中的"蒙版"按钮◉，选择"线性"蒙版。在预览区域将蒙版向左旋转70°，并放置于画面左端，如图9-53所示。选中素材"复制01"，点击"蒙版"按钮◉，选择"镜面"蒙版，在预览区域将蒙版向左旋转70°，并放置于画面中间，使画面之间有一小段距离，如图9-54所示。选中素材"复制02"，点击"蒙版"按钮，选择"线性"蒙版，在预览区域将蒙版向右旋转110°，并放置于画面右端，使画面之间有一小段距离，如图9-55所示。

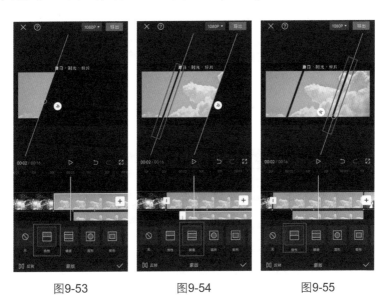

图9-53　　　　　　　图9-54　　　　　　　图9-55

12 将时间线定位至第一个节奏点，在未选中素材的状态下，点击下方工具栏中的"特效"按钮✿，添加"复古"分类下的"胶片连拍"特效，如图9-56和图9-57所示。

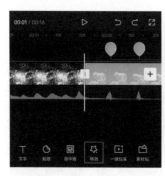

图9-56　　　　　　　　　图9-57

13 选中"特效"素材，拖动其右端▯，使其与素材"02"尾端对齐，如图9-58所示，然后点击下方工具栏中的"作用对象"按钮◈，选择"全局"，如图9-59所示。

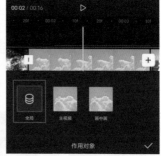

图9-58　　　　　　　　　图9-59

14 点击▯按钮，添加"运镜"分类下的"拉远"转场效果，并将时间设置为0.5s。完成后点击左下角的"全局应用"按钮▤，如图9-60和图9-61所示。

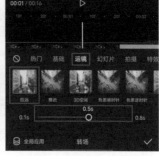

图9-60　　　　　　　　　图9-61

15　将时间线定位至视频首端，在未选中素材的状态下点击下方工具栏中的"滤镜"按钮🎨，添加"风景"分类下的"仲夏"滤镜，如图9-62和图9-63所示。

16　选中"滤镜"素材，拖动其右侧▯，使其尾端与音乐尾端保持一致，如图9-64所示。

图9-62

图9-63

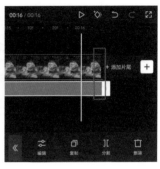
图9-64

17　至此，就完成了制作高级夏日碎片模板操作。点击视频编辑界面右上角的 导出 按钮，将视频导出到手机相册，视频画面效果如图9-65和图9-66所示。

图9-65

图9-66

9.3　城市展示模板

运用此模板能从各个方面来展示一座城市的风貌。下面为制作城市展示模板的具体操作。

01　打开剪映，点击"开始创作"➕，导入8个"城市"视频素材，并依序命名为"01"～"08"，如图9-67所示。

02　点击下方工具栏中的"音频"按钮♪，点击"音乐"按钮♫，导入本地音乐，如图9-68和图9-69所示。

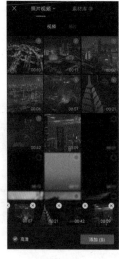

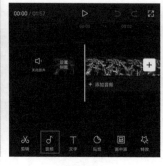

图9-67　　　　　　　　　　图9-68　　　　　　　　　　图9-69

03　选中"音频"素材，将时间线定位至4s处，点击"分割"按钮，如图9-70所示。

04　选中第一个"音频"素材，点击下方工具栏中的"踩点"按钮，每隔0.5s手动添加一个节奏点，如图9-71所示。选中第二个"音频"素材，点击"踩点"按钮，每隔1s手动添加一个节奏点，如图9-72所示。

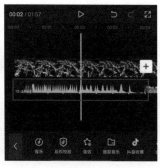

图9-70　　　　　　　　　　图9-71　　　　　　　　　　图9-72

05　调整每个视频素材时长都为0.5s，使视频首尾与节奏点对齐，如图 9-73 所示。

06　点击轨道区域右侧"添加"按钮，按顺序将8个素材再导入一次，并将素材命名为"09"～"16"。完成后，选中素材"09"，点击下方工具栏中的"变速"按钮，选择"曲线变速"，为素材添加"子弹时间"变速效果，如图9-74和图9-75所示。

07 素材"10"~"16"重复对素材"09"的处理，全部添加"子弹时间"的加速效果。

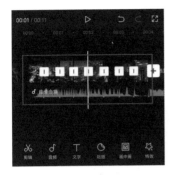
图9-73

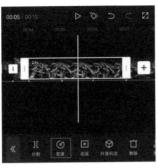
图9-74

图9-75

08 调整素材"09"~"16"时长，使每个素材时长为1s，与节奏点对齐，如图9-76所示。

09 将时间线定位至视频首端，在未选中任何素材的状态下，点击"特效"按钮 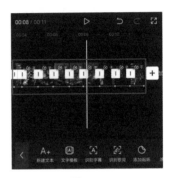，选择"画面特效" ，为视频添加"复古"分类下的"胶片Ⅲ"。完成后，调整特效时长，使其尾端与第八个节奏点保持一致，如图9-77~图9-79所示。

图9-76

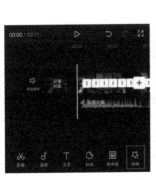
图9-77

图9-78

图9-79

10 将时间线定位至素材"09"的首端，在未选中素材的状态下，点击"文字"按钮█，点击"新建文本"按钮█，在文字输入框中输入视频中城市的名字，然后将字体设置为"创意"分类下的"极简拼音"。完成后，在预览区域将其适当放大，如图9-80和图9-81所示。

11 再次点击"新建文本"按钮█，在输入框中输入大写的城市拼音，然后在预览区域将其放大并拖到合适的位置，如图9-82所示。

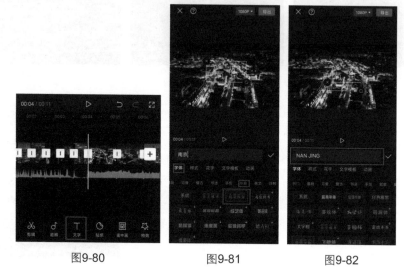

图9-80   图9-81   图9-82

12 按住"文字"素材右端█调整时长，使其与素材"09"一致，如图9-83所示。

13 选中"文字"素材，点击下方工具栏中的"复制"按钮█，将"文字"素材与"拼音"素材各复制7个，然后使每两个素材对应一个"城市"视频素材。完成后，将"文字"素材内容修改为对应"城市"素材的名字，如图9-83和图9-84所示。

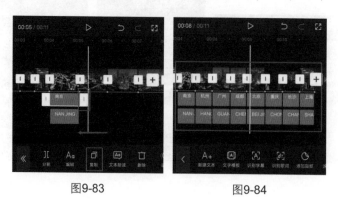

图9-83   图9-84

14 至此，就完成了制作城市展示模板的操作。点击视频编辑界面右上角的 按钮，将视频导出到手机相册，视频画面效果如图9-85和图9-86所示。

图9-85

图9-86

9.4 高级运动模板

运动需要长期坚持，通过记录运动的过程，能更好地激励自己坚持下去。高级运动模板运用音乐卡点、特效、变速等功能，让运动过程更加热血，更加振奋人心。下面为制作高级运动模板的具体操作。

01 打开剪映，点击"开始创作"按钮 +，导入6个"运动"视频素材，并依序命名为"01"～"06"，如图9-87所示。

02 点击下方工具栏中的"音频"按钮 ♪，点击"音乐"按钮 ♪，导入本地音乐，如图9-88和图9-89所示。

图9-87

图9-88

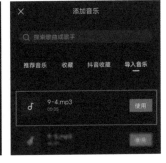

图9-89

03 选中"音频"素材，点击下方工具栏中的"踩点"按钮 ▣，在连续击鼓两下的地方添加节奏点。完成后，在最后一记鼓声处添加节奏点，如图9-90和图9-91所示。

 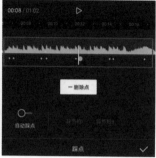

图9-90   图9-91

04 选中素材"02"，点击下方工具栏中的"变速"按钮 ⊙，点击"曲线变速" ☑，为素材添加"子弹时间"变速效果，然后点击"编辑"，选中"智能补帧"，如图9-92～图9-94所示。选中"05"素材，为其添加"蒙太奇"变速效果，同样点击"智能补帧"。选中素材"06"，为其添加"子弹时间"变速效果，并点击"智能补帧"。

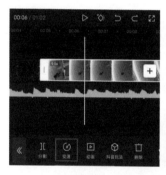 

图9-92   图9-93   图9-94

05 调整素材时长，使素材"01"尾端与第一个节奏点对齐，素材"02"尾端与第三个节奏点对齐；素材"03"尾端与第五个节奏点对齐；素材"04"尾端与第七个节奏点对齐；素材"05"尾端与第九个节奏点对齐；素材"06"尾端与音乐尾端对齐。如图9-95所示。

06 将时间线定位至第一个节奏点，在未选中素材的状态下，点击"特效"按钮 ✦，点击"画面特

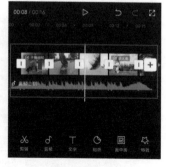

图9-95

效" 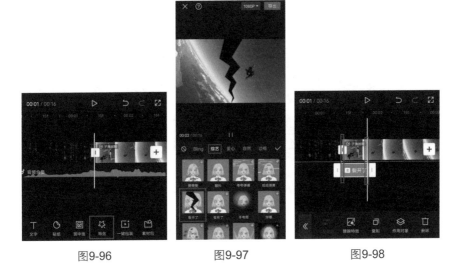，添加"综艺"分类下的"裂开了"特效，并调整其尾端与第二个节奏点保持一致，如图9-96～图9-98所示。

图9-96　　　　　　　　图9-97　　　　　　　　图9-98

07 将时间线定位至第二个节奏点，添加"综艺"分类下的"颤抖"特效，并调整其时长为2s，如图9-99和图9-100所示。

图9-99　　　　　　　　图9-100

08 时间线定位至第三个节奏点，添加"动感"分类下的"负片闪烁"特效，并调整其尾端与第四个节奏点一致，如图9-101和图9-102所示。完成后，按住"负片闪烁"特效拖动，使其中心与第三个节奏点对齐，如图9-103所示。

图9-101

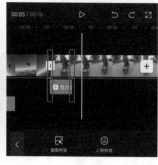

图9-102

图9-103

09 将时间线定位至第四个节奏点，添加"动感"分类下的"卷动"特效，并调整其时长为0.5s，如图9-104和图9-105所示。

10 将时间线定位至6s处，添加"动感"分类下的"毛刺"特效，并调整其时长为1s，如图9-106和图9-107所示。

图9-104

图9-105

图9-106

图9-107

11 将时间线定位至第五个节奏点，添加"基础"分类下的"轻微放大"特效，并调整其尾端与第六个节奏点保持一致，如图9-108和图9-109所示。

图9-108　　　　　　　　图9-109

12 将时间线定位至9s处，添加"动感"分类下的"毛刺"特效，并调整其时长为1s，如图9-110和图9-111所示。

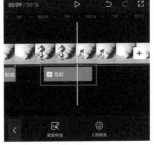

图9-110　　　　　　　　图9-111

13 将时间线定位至第八个节奏点，添加"基础"分类下的"轻微放大"特效，并调整其尾端与第九个节奏点对齐，如图9-112和图9-113所示。

图9-112 　　　　　　　　　　图9-113

14　点击⊡按钮，为素材"04""05""06"之间添加"特效"分类下的"粒子"转场特效，如图9-114和图9-115所示。

图9-114 　　　　　　　　　　图9-115

15　将时间线定位至第九个节奏点处，在未选中素材的状态下点击"画中画"按钮▣，点击"新增画中画"按钮➕，导入"烟雾"素材，如图9-116和图9-117所示。

图9-116 　　　　　　　　　　图9-117

16 选中"烟雾"素材，点击下方工具栏中的"混合模式"按钮，选择"滤色"模式，如图9-118和图9-119所示。

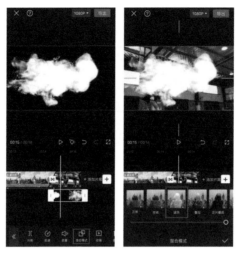

图9-118　　　　　　　　图9-119

17 将时间线定位至"烟雾"素材中烟雾在预览区域中最浓的位置，在未选中素材的状态下，点击"文字"按钮T，点击"新建文本"按钮A+，在文本输入框中输入"保持热爱"，并将其字体设置为"书法"分类下的"烈金体"，此时文字被烟雾所遮挡，如图9-120和图9-121所示。

18 选中"文字"素材，拖动右侧，使素材尾端与音乐保持一致。完成后，在预览区域将"文字"素材适当放大，但仍被烟雾遮盖，如图9-122所示。

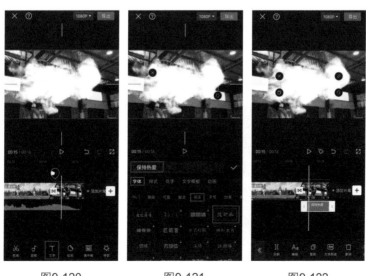

图9-120　　　　　　　图9-121　　　　　　　图9-122

19 至此，就完成了制作高级运动模板的操作。点击视频编辑界面右上角的 导出 按钮，将视频导出到手机相册，视频画面效果如图9-123和图9-124所示。

图9-123

图9-124

9.5　毕业记录模板

毕业季总有记录不完的回忆，校园生活中的点点滴滴都在脑海中历历在目。毕业记录模板运用贴纸、文字、关键帧、画中画等功能，记录校园时光，记录每一位老师、同学的名字。下面为制作毕业记录模板的具体操作。

01 打开剪映，点击"开始创作" ，导入7个"毕业"视频素材，并依序命名为"01"～"07"，如图9-125所示。

02 点击下方工具栏中的"音频"按钮 ，点击"音乐"按钮 ，导入本地音乐，如图9-126和图9-127所示。

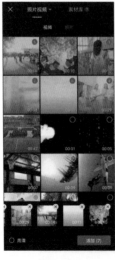

图9-125

图9-126

图9-127

03 选中"音频"素材，点击"踩点"按钮 ☐，点击"自动踩点"，选择"踩节拍 I"，完成后手动删除第一个与最后一个节奏点，如图9-128～图9-130所示。

图9-128　　　　　　　　　　图9-129　　　　　　　　　　图9-130

04 调整素材的时长，使"01"～"06"各首尾端与节奏点保持一致，"07"尾端与"音频"素材尾端保持一致，如图9-131所示。

05 在未选中素材的状态下，点击下方工具栏中的"比例"按钮 ☐，选择画面比例为"4∶3"，如图9-132和图9-133所示。

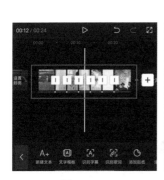

图9-131　　　　　　　　　　图9-132　　　　　　　　　　图9-133

06 将时间线定位至视频首端，在未选中素材的状态下，点击下方工具栏中的"贴纸"按钮 ☐，如图9-134所示，在搜索框搜索"毕业"，添加如图9-135所示贴纸，并使其尾端与音乐尾端一致，如图9-136所示，然后在预览区域拖动其到视频左上角并适当旋转。

图9-134　　　　　　　图9-135　　　　　　　图9-136

07　在未选中素材的状态下点击"文字"按钮 T，点击"识别歌词"按钮，点击"开始匹配"，如图9-137和图9-138所示。

08　选中任意一段歌词，点击"批量编辑"按钮，将字体设置为"手写"分类下的"温柔体"，然后将歌词拖动至合适的位置，如图9-139和图9-140所示。

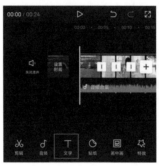

图9-137　　　　　　　图9-138

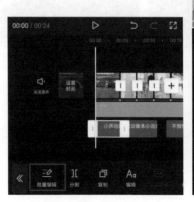

图9-139　　　　　　　图9-140

09 将时间线移动至视频首端，在未选中素材的状态下，点击"文字"按钮 T，点击"新建文本"按钮 A+，在文字输入框中输入"谨以此片献给某某班全体师生"，并将"文字"素材时长延至5s。完成后，在预览区域将素材移动至画面底端。如图9-141～图9-143所示。

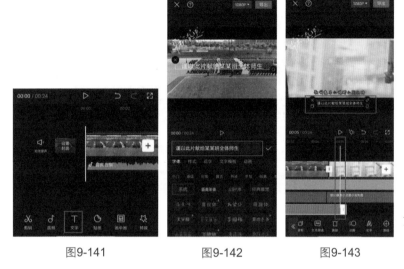

图9-141   图9-142   图9-143

10 选中"文字"素材，并将时间线定位至其首端，然后在预览区域将"文字"素材拖动至最右端，完成后点击添加"关键帧" ◇，如图9-144所示。完成后，将时间线定位至素材尾端，然后在预览区域将"文字"素材移动至最左端，此时已经自动添加了关键帧，如图9-145所示。

图9-144   图9-145

11 点击"动画"按钮，为"文字"素材添加时长为2s的"渐隐"出场动画，如图9-146和图9-147所示。

图9-146   图9-147

12 完成上述操作后，点击 ▣ "复制"，将"文字"素材复制3个，并依序命名为"文字01"~"文字03"。

13 将素材"文字01""文字02"接在"文字"素材后面，选中素材"文字01"，将文字内容修改为"感谢敬爱的：王老师 李老师 张老师 吴老师"，选中素材"文字02"，将文字内容修改为"全体同学名字："，如图9-148所示。

图9-148

14 将"文字03"放在13s位置，点击"编辑"按钮 Aα，将内容修改为全班同学的名字，如图9-149和图9-150所示。

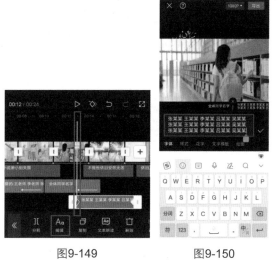

图9-149　　　　　　　　图9-150

15　修改完成后，点击"动画"按钮，取消出场动画，然后在预览区域适当调整素材首端与尾端画面的大小及位置。完成后，再为"文字03"恢复出场动画，如图9-151和图9-152所示。

图9-151　　　　　　　　图9-152

16　选中"文字03"，点击"复制"按钮，复制2个素材，依序命名为"文字04""文字05"。将"文字04"放在16s位置、"文字05"放在19s位置，如图9-153和图9-154所示。

图9-153　　　　　　　　　　图9-154

17　至此，就完成了制作毕业记录模板的操作。点击视频编辑界面右上角的 导出 按钮，将视频导出到手机相册，视频画面效果如图9-155和图9-156所示。

图9-155　　　　　　　　　　图9-156